大阪大学総合学術博物館叢書◆5

巨大絶滅動物
マチカネワニ化石
恐竜時代を生き延びた日本のワニたち

小林快次・江口太郎　著

はじめに

マチカネワニは、1964年5月に大阪大学豊中キャンパス・理学部の建築現場から発掘された日本で初めて発見され、また日本で発見された中で最も完全な、ワニ化石です。頭骨だけでも長さが1メートルを超え、きわめて巨大なワニです。マチカネワニは大阪大学総合学術博物館（以後阪大博物館と略記）の、いやそれどころか大阪大学の重要な宝物の一つだと思うのですが、なぜそうなのかという理由を正しく理解している人は少ないようです。じつをいうと著者の一人（江口）も阪大博物館に関与する以前は、「巨大なワニがこの辺りに生きていたんだなー」くらいの認識しかありませんでした。したがって、マチカネワニ化石の学術的価値を再発見し、この標本（標本番号：MOUF00001）が大学の宝どころか世界的にも注目されている日本の宝といってもよいことを伝えるために本叢書の発刊を計画しました。

阪大博物館は2002年4月に設立されましたが、当時、マチカネワニ化石標本は東京の国立科学博物館(新宿分館)の冨田幸光に再調査のため2年間貸し出し中でありました。設立直後に返還され、イ号館（登録有形文化財）1階を改装してつくられた博物館展示場の保管棚へ納められました。そして、その発掘から42年の歳月を経て、2006年になってようやくマチカネワニ化石骨格の完全記載論文が、北海道大学・国立科学博物館・大阪大学の共同研究チームの小林快次らにより出版されました。さらに同年の12月10日に上述の小林らの論文出版を記念して、「マチカネワニのいた時代」と題して公開シンポジウムを大阪大学中之島センターで行い、マチカネワニに関係する研究者が一堂に会して最新研究結果について討論する機会を得ました（『大阪大学総合学術博物館年報2006』pp.29-47）。

まず学問的に一番興味がある点は、マチカネワニはどこから来たのかという進化論的な問題です。マチカネワニの祖先は約5,700万年前のヨーロッパに起源があり、進化を繰り返して、アフリカ、インドや東

大阪大学中之島センターで開催された公開シンポジウムでの一こま

南アジアを経てこの極東の日本にまで達することになります。その系統樹の詳細、分類学上の位置づけにいまでも謎が残されています。本叢書の大部分はこの問題に関連する記述になるでしょう。

つぎに、マチカネワニが生きていた時代の気候に関して、千葉大学の百原 新らはワニ化石が発見された大阪層群の植物化石の詳細な分析（スギ属、マツ属、ブナ属、ケヤキ、サルスベリ属、ハス、ヒシ属など種々の植物花粉の分布状況の計測）を進め、ワニが生きていた40～50万年前の植生や環境について新たな知見を得ています。それによると、現在と同じような温暖な気候であったらしいのです。つまり、マチカネワニは今ではめずらしい温帯性のワニだったことになります。

では、当時、マチカネワニはいったいどんな生活をしていたのでしょうか。その生息の様子に関しても面白い古病理学の研究が、岐阜県博物館の桂 嘉志浩により行われています。小林と桂の仕事をもとにして、つい最近の科学雑誌『ニュートン』（2008年2月号、pp.88-93）に「化石を楽しむ！推理する！！」という記事が掲載されました。マチカネワニ化石の実物をよく見ると、専門家でなくてもすぐわかる奇妙な痕跡が3カ所にあります。古病理学的な研究から、おそらくこのワニは雄で、メスを争って少なくとも3回の大げんかをしていると推理されるのです。顎が欠けた後も傷跡が治癒するまで生きており、足の骨折が完全になおりきる（ふくらんだ仮骨がとれる）前に死んだと想像されています。

さて、マチカネワニに関して、もう一つロマンを誘う話題は、ワニ研究家、青木良輔の説です。現在中国にはおとなしいヨウスコウアリゲーター（アリゲータ科）のみが生息していますが、ほんの数百年前まで別の獰猛なワニが生息しており、それが、現在の熱帯産のマレーガビアルやイリエワニではなく、40万年前くらいに日本では絶滅した温帯性のマチカネワニらしいのです。紀元前1700年頃の温暖な気候の殷の時代の甲骨文字に「龍」の起源があり、紀元前900年頃の西周の人が最後の「龍」（獰猛なワニ）を目撃した。それがマチカネワニに違いなく、つまり、マチカネワニこそが、想像の動物であるとされる龍伝説の起源だというのです。

現在、マチカネワニ化石の実物標本は、待兼山修学館（登録有形文化財）3階の博物館展示場のガラスケースの中におさめられていますが、その1階ロビーの壁面に取り付けられたマチカネワニレプリカを見上げると、歴史時代の中国の人が龍と思ったのも頷けます。この青木の説は、2007年5月10日の朝日新聞夕刊の「魅知との遭遇」にも取り上げられました。これを証明するためには、中国におけるマチカネワニ研究の進捗も待たれるところです。このように、マチカネワニは最新研究にとって最も重要な参照標本になっているのです。

本書では、一般にはあまり知られていない現生ワニの詳細な形態的特徴およびその分類を紹介し、ついで、著者の一人である小林の「マチカネワニ大解剖」と題した最新の系統解析へと話を進めます。このようにして、なぜマチカネワニが阪大の宝になっているかという謎を明らかにしたいと思います。

目　次

はじめに

I　巨大ワニ化石発見 …………………………… 5
　マチカネワニの発見　6
　　　マチカネワニの復元模型（徳川広和）　10

II　ワニのからだ ……………………………… 11
　ワニはどのような動物なのか　12
　　　ワニの頭部　13
　　　ワニの耳　14
　　　ワニの鼻　14
　　　ワニの歯　14
　　　ワニのからだと手足　15
　ワニ類の進化　17
　現代のワニ　20
　　　ワニの分布　21
　アリゲーター科　22
　クロコダイル科　24
　インドガビアル科　26
　熱川バナナワニ園の紹介　27

III　マチカネワニ大解剖 ……………………… 29
　研究史・発見と命名　30
　巨大なマチカネワニ　32
　鼻先の長い頭骨　33
　歯と捕食　37
　　　マチカネワニの歯　37
　　　成長による食性の変化　39
　　　ワニはどのようにして物をたべるか　39
　化石骨からわかること—脊椎骨と年齢—　40
　マチカネワニの年齢　42
　肋骨と鱗板骨　44

肩と前肢　46
　　腰と後肢　48
　　"世界で一つ" マチカネワニ、タイプ標本の展示　50
　　ワニたちの関係―系統解析―　54
　　マチカネワニはどこから来たのか？　58
　　マチカネワニに現在最も近いワニ―マレーガビアル―　60
　　マチカネワニの棲んでいた環境　62
　　マチカネワニの怪我　63
　　新しい技術によって暴かれるマチカネワニ化石の中身―CTの活用―　67

Ⅳ　世界からのコメント　71
　　トミストマ亜科の進化―　クリストファー・ブロシュー　72
　　東アジアのトミストマ亜科―　呉　肖春　74
　　イタリアのトミストマ亜科―　マシモ・デルフィノ　76
　　現生ワニの生物機能から考えるマチカネワニの噛む力―　グレゴリー・エリクソン、
　　　　ポール・ギグナック　78
　　マレーガビアルの歩き方―　久保　泰　80
　　東南アジアのマレーガビアル属における属の多様性について―　タラ・シング　82

Ⅴ　日本各地の仲間たち　85
　　日本に棲んでいたマチカネワニの仲間　86
　　もう一頭の "マチカネワニ" といわれてきたキシワダワニ　88
　　静岡県から発見されたトミストマ亜科、ヤゲワニ　90

おわりに　91
参考文献　92
謝　辞　94
著者紹介　95

I 巨大ワニ化石発見

発掘されたマチカネワニの頭骨（大阪大学豊中キャンパス）

 マチカネワニの発見

発見当時（1964年）の大阪大学理学部

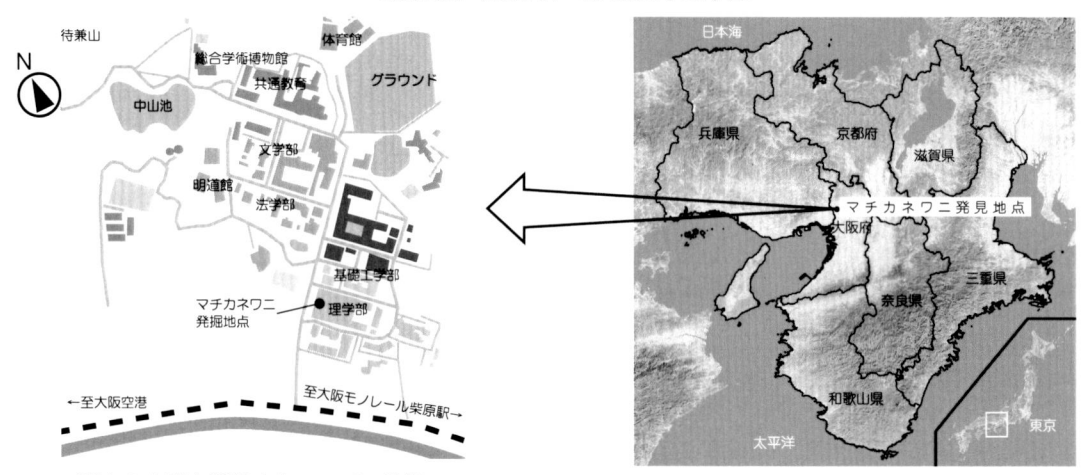

現在の大阪大学豊中キャンパス地図　　マチカネワニ発見地点（大阪府豊中市）

　マチカネワニ化石が発見されたのは、大阪層群と呼ばれる有名な地層です。およそ300万年前から氷河期と間氷期が約10万年周期で繰り返され、その度に大阪湾の海水面が100mほども変動してできた地層で、海成粘土（Ma）層や火山灰層が積み重なってできています。その、新生代・中期更新世の地層（Ma 8とMa 7に挟まれたカスリ火山灰層のすぐ上の炭質粘土層）から発見されました。化石が出てきたこれらの層準はいろいろな年代測定法で調べられていますが、それでも誤差を±5万年より小さくするのはなかなか難しいのです。

　この発見のときの様子を化石発掘に従事した亀井節男は次のように話しています。「南北方向に埋もれた径が34cmで長さが4mもある樹木の幹が発掘され、その下から巨大なワニの頭蓋骨が姿を現した。頭蓋骨の下には、肢骨や脊椎骨やヒシの実が挟まれていて、さらにその下には頭蓋骨とはズレた状態で下顎骨が埋もれていた。それらは、いずれも輝くような赤褐色をしていたことが印象に残っている」と。現在のレプリカ（p.29）とはまったく異なる色合いだったようです。

マチカネワニの発掘風景（大阪大学豊中キャンパス）

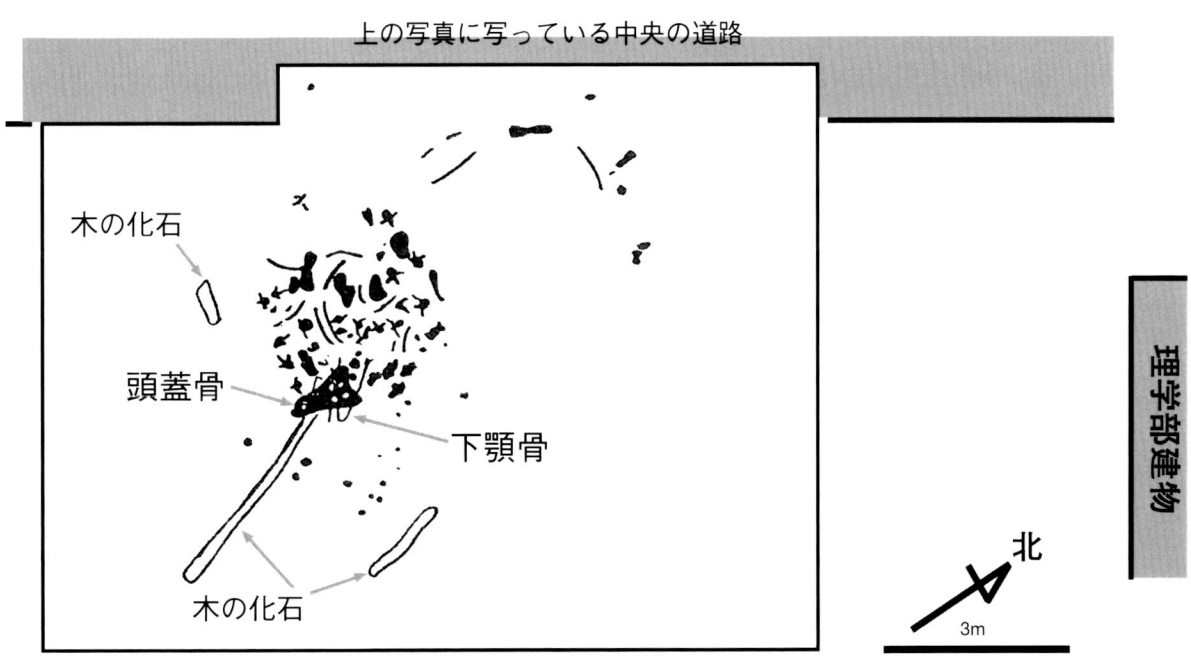

発掘された骨の分布図　マチカネワニ化石は1体しか見つかっていない。上流で死亡し、流木と一緒に河口まで流れ着いて砂に埋まって化石になった、という想像も可能である。

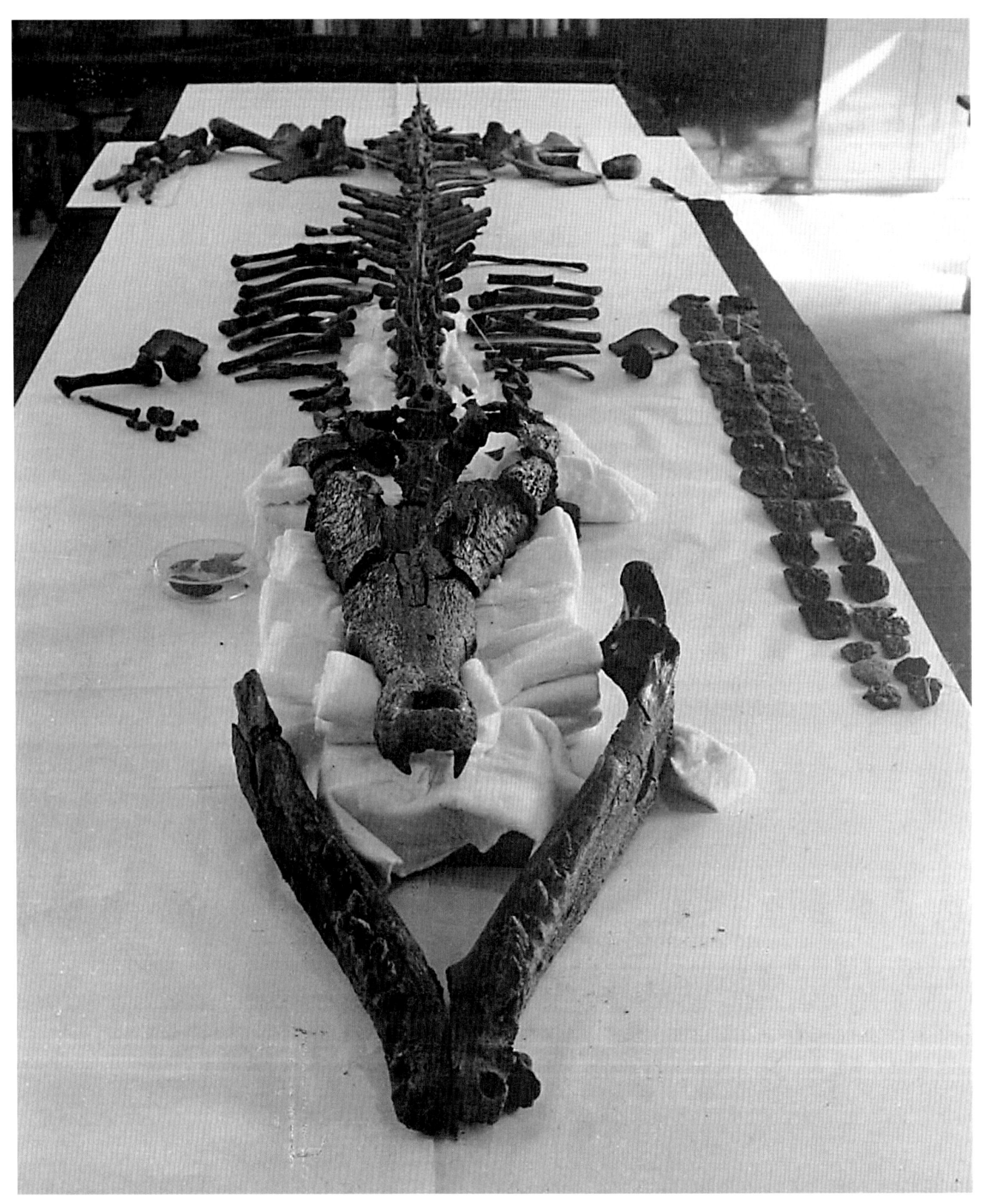

発見された化石骨（大阪大学総合学術博物館に常設展示。p.50参照）

組み立てられたマチカネワニのレプリカ

　この発掘に至るまでの状況については、童話が出版されています。『ねむりからさめた日本ワニ—巨大ワニ化石発見ものがたり—』野田道子作（PHP研究所、1996年）です。1964年の5月の連休のときに、化石マニアの二人の青年、人見 功と大原憲司の両名が豊中キャンパスの工事現場で動物の骨らしき化石を偶然見し、それが前述の亀井らによる発掘に至るまでのものがたりが、探偵小説風のタッチで記述されています。阪大理学部化学教室の大先輩から隠れた第一発見者の話を聞いたことがありますが、この二人の青年が第一発見者として歴史に名前を残しているのは、その奇妙な骨を、当時、大阪市の西区靭近くにあった大阪自然史博物館に持ち込み、博物館の学芸係長だった千地万造に鑑定を依頼したことによります。もしそうでなければ、マチカネワニ化石は地中に埋まったままであったか、あるいは工事のブルドーザーで粉々に破壊されていたかもしれないのです。さらに幸運だったのは、千地から連絡を受けた阪大教養部地学教室の中世古幸次郎と小畠 信夫の的確な判断と迅速な行動、および当時の阪大執行部（第7代総長：赤堀四郎）の決断が、本格的な発掘調査へと導いたのです。

マチカネワニ模型（全長約40cm、縮尺約1/18）

マチカネワニの復元模型　模型製作に際しては、復元全身骨格をもとに造形したが、尻尾の長さ関しては現生のマレーガビアルやその他のワニを参考に、復元骨格より短めに表現した。私の古生物復元模型製作では、骨格標本や論文などを参考に、ある程度全身骨格を再現した芯を製作、その上に肉付けを行うが、このマチカネワニの場合は、特徴的な頭部の再現のために普段よりも頭骨の形状把握には気を使った。骨格では分からない体表の表現に関してはマレーガビアルを参考にしたが、マチカネワニは体長7m前後とマレーガビアルの成体にくらべ大きく、実際にはマレーガビアルとの違いが多かったのでは、と想像している。この作品製作には、さまざまな現生ワニやマチカネワニに関する論文、書籍を参考にしたが、これまで現生・化石種含めワニ類の模型制作の経験がほとんどなかったため、ワニ類・マチカネワニについての理解には、模型製作前にシンポジウム等の機会に小林快次からさまざまな情報を伺えたこと、きしわだ自然資料館にてキシワダワニの標本を観察し、キシワダワニ、マチカネワニ双方に関する話を伺えたこと、そして大阪大学総合博物館における貴重な本物の化石を含めたマチカネワニの展示が大きな助けとなった。（徳川広和　古生物復元模型作家）

II　ワニのからだ

マレーガビアル（*Tomistoma schlegelii*）

 ワニはどのような動物なのか

シャムワニ *Crocodylus siamensis*

ブラジルカイマン *Paleosuchus trignatus*

　マチカネワニは、現在世界に生息しているワニと同じ、正顎類といわれるワニです。体つきや生活様式も、現在のワニとそれほどかわりませんでした。正顎類のワニは、熱帯性から亜熱帯の気候にすんでいる半水棲の爬虫類です。そのからだは、他の爬虫類と同じように、這って歩くような姿勢をしています。ワニの祖先は陸上で生活をしていましたが、長い進化史の中でワニは水の中に戻った動物です。扁平な頭骨にごつごつした背中、短い脚に長い尾。これらそれぞれの特徴は、水の生活のために重要なはたらきをしています。マチカネワニのことをさらに詳しく理解するために、まず現在生きているワニのからだの構造を見ていきましょう。

鼻と目を水面上に出して外の様子をうかがっている
クチヒロカイマン Caiman latirostoris

鼻と目を水面上に出して外の様子をうかがっている
インドガビアル Gavialis gangensis

シャムワニ Crocodylus siamensis の頭

ワニの頭部

　ワニの頭骨は高さよりも幅の方が広く、目や鼻の穴が頭骨の上側についています。鼻先が比較的長いのも特徴です。また、ワニのもう一つの大きい特徴は、二次口蓋骨といわれる口内の骨の発達により、呼吸と獲物を食べることを同時に可能としたことです。目や耳、鼻の穴（外鼻孔）が頭骨の上についています。これによって、残りのからだの部分を水の下に隠しながら外の様子をうかがうことができるのです。

　目は横を向いていて、立体的に見るための両目の視野の重なりは少ないのですが、より広い範囲の獲物を探すことができます。ワニのまぶたは上下両方についており、上の方はあまり動かず、瞬きをするときは下のまぶたが上にあがります。また、ワニには瞬膜といわれるもう一枚のまぶたが内側にあります。このまぶたは半透明のもので、下まぶたを閉じるときに一緒に眼球を覆い、目を潤します。下のまぶたは、下から上に閉じますが、瞬膜は前から後ろに閉じます。水中にいるときは瞬膜を閉じて、まるで私たちが使う水中眼鏡のように、水中でも目が見えるようになっています。ワニの眼をみると瞳孔の形は猫のように縦に細長くなっています。明るさに応じて、瞳孔の幅を調整します。このような瞳孔の形は夜間の生活に有利で、ワニの行動性を示しています。眼球の内側には網膜が広がっていますが、その網膜には光を感知する視細胞があります。ワニの目には、視細胞の一種で弱い光でもはたらく桿体細胞が多く存在し、暗い中でも目がよく見えます。また、色を感じる感色性色素を4つもち、色を認識することもできます。このような光と色を感知するワニの目は陸上でその能力が発揮されますが、水の中で瞬膜を閉じた状態ではそれほどよくはたらかないと考えられています。

ワニの口（シャムワニ Crocodylus siamensis）

ワニの右目（キュビエムカシカイマン Paleosuchus palpebrosus）

ワニの鼻（左が閉じている状態、右が開いている状態）

ワニの耳

　ワニの耳の穴（耳孔）は、目の後ろにあります。その耳の穴には、頑丈で分厚い耳弁というものが上下についています。上の耳弁の方が大きく、閉じたときに下の耳弁の上にかぶさるようになります。下の耳弁は下まぶたと筋肉を共有するため、目を閉じるとき、下まぶたと同時に閉じるのです。水に入ったときは、この耳弁を閉ざし、水が入らないようにします。ワニが知覚できる音の周波数は、100ヘルツから6,000ヘルツともいわれ、比較的広い範囲の音を聞き分ける能力があるといえます。雄ワニは繁殖期のときに鳴き声をあげて雌ワニを誘います。その声は大きく、また周波数の低い音です。ワニも声をコミュニケーションの一つとして利用しているのです。

ワニの鼻

　外鼻孔（いわゆる鼻の穴）から入った空気は口の中を通らず含気洞というのどの奥の空洞を通り、内鼻孔という孔（p.17参照）を経て気管から肺に送られます。このような二次口蓋骨の発達による含気洞の構造をもつことによって、水の中で口を開けた状態でも、鼻先さえ水の上に突き出していれば息ができるようになっているのです。人間などの哺乳類もこの構造をもっているのですが、多くの爬虫類は内鼻孔がもっと前についていてこの構造をもっていません。これを人間でたとえるなら、内鼻孔が前歯のすぐ後ろにあり、吸った息が前歯の後ろから出てきて、口の中を通って気管や肺に送られると想像してみてください。この状態では、息をするか食べるかどちらかしかできず、効率が非常に悪いということがわかります。内鼻孔がのどの奥に移動し、含気洞が存在することで、ワニは水の中でも口を開けたり物をくわえたりすることができるのです。ワニの嗅覚は良いのか悪いのかを数値で表されたことはありませんが、遠くにある肉の臭いを感知することから、鼻が利くと考えられます。

ワニの歯

　ワニの顎には多くの歯が生えており、一つ一つ比べてみると、形も大きさも少しずつ違いますが、一般的に三角錐の形をしています。顎から出ている歯の部分を歯冠、顎の中にある歯の根のような部分を歯根といい、歯根は歯冠に比べて非常に長く、歯全体をしっかりと支えています。

ワニの手（シャムワニ Crocodylus siamensis）

ワニの足（シャムワニ Crocodylus siamensis）

ワニの背中（ナイルワニ Crocodylus niloticus）

ワニのからだと手足

　ワニの体は、鱗板（皮膚の外側の層が固いうろことなったもの）に包まれており、温度調整や体内の水分の調節をしています。その鱗板は重く、体重の15％にも及びます。お腹の鱗板は平らなもので、背中から尻尾にかけての鱗板は前後に陵があります。背中の鱗板には骨質の皮骨があり、体を守る役割をしています。とくにクロコダイル科の鱗板は敏感にできていて、水中の振動を感知することもでき獲物の存在を知ることができます。

　鱗板の色や形、つき方の様式はワニの種類によって異なっていますが、同じようにみられるところもあります。頭の鱗板は、骨のすぐ上に並んでいて、ワニには人間のように表情を表す顔の筋肉がありません。頭の鱗板の多くは小さく丸いもので、顎の横にあるものには感知器官が多く存在します。この感知器官で近くにきた獲物を感知します。

　体の上の面の真ん中に、前後にのびる陵をもつ大きな鱗板をもち、首の後ろと背中の鱗板はとくに大きく発達しています。背中の大きな鱗板は、縦横にきれいに並んでおり、縦に左右3列ずつ、計6列に並んでいます。左右の鱗板は、真ん中の先を中心に対称になっています。真ん中の先に近いほど、鱗板は大きく、外に行くほど小さくなります。腰に近くなるほど外側の列の鱗板の陵が強くなり、尻尾に至るときには、三角形の陵が尻尾の横に突き出る形の鱗板が存在します。鱗板の形は、丸か四角い形をしていますが、体の場所によって異なります。背中の大きな鱗板は、真ん中に近

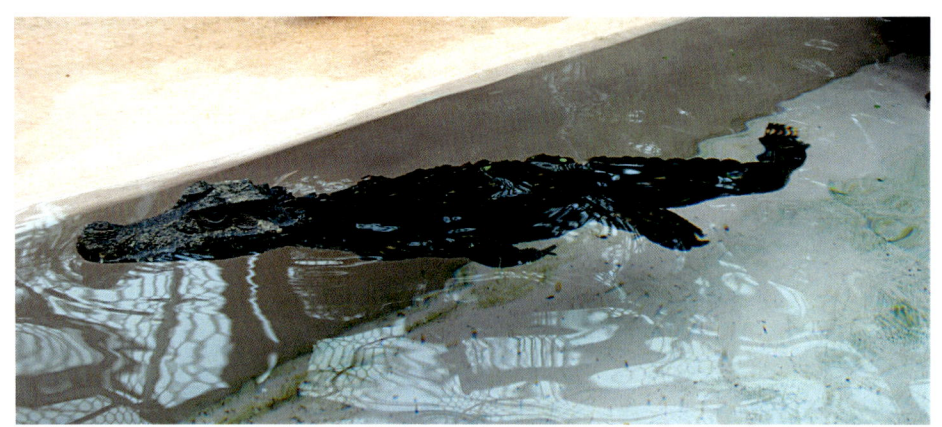

泳ぐシュナイダームカシカイマン Paleosuchus trigonatus

水の中で歩くクチヒロカイマン Caiman latirostoris

いものは、四角に近く、遠くなるほど丸い形をしています。体の横の鱗板は、小さい円形です。大きさは不揃いで、大きめのものや小さめのものが混在しています。お腹に近くなるにつれ、大きさは揃っていき、形は四角形になっていきます。お腹の鱗板は四角形となり、色も薄黄色やクリーム色になります。体の色は、茶色や深い緑が多いのですが、その色は棲んでいる環境に左右されると考えられています。泥の中に生きているワニは黄色がちであったりします。また、成長するにしたがい色が変化し、子供の方が薄い色をしています。

ワニの脚は、体の大きさに比べ小さく短いのですが、これは水の中で泳ぎやすいように短くなったと考えられています。流線型の体と長い尻尾をもっており、尻尾を横にくねらせ泳ぎます。日常生活では時速２〜４キロで移動しますが、必要に応じて時速10キロ程度のスピードで泳ぐことも可能です。また、ゆっくり泳いでいるときは、短い脚を使って体を安定させます。水の底を歩くように移動することもあります。

獲物を狙っているときには、目と鼻先だけを水の上に出していますが、後ろ足をあげることでその頭を水中に沈めることができます。また、水中でゆっくりと移動するときには、前後の足を使って前に進みます。陸上では、その短い足で体をもち上げて、歩くことが可能です。時速２〜４キロ程度でゆっくりと歩きます。オーストラリアのジョンストンワニ（p.25右上）はギャロップすることができ、短時間ではありますが時速18キロで走ることもできます。

前足は、後ろ足よりも10％ほど短く、より華奢にできています。前足も後足も５本の指をもっています。前足をみると５本しっかりとした指が見受けられますが、後足は４本しかないように見えます。後ろ足の５番目の指は退化しており、外から見たときにはその存在を確認できません。爪は、前後の足とも、内側の三本についていますが、外側の二本にはついていません。水かきは後足についていることがあります。

ワニ類の進化

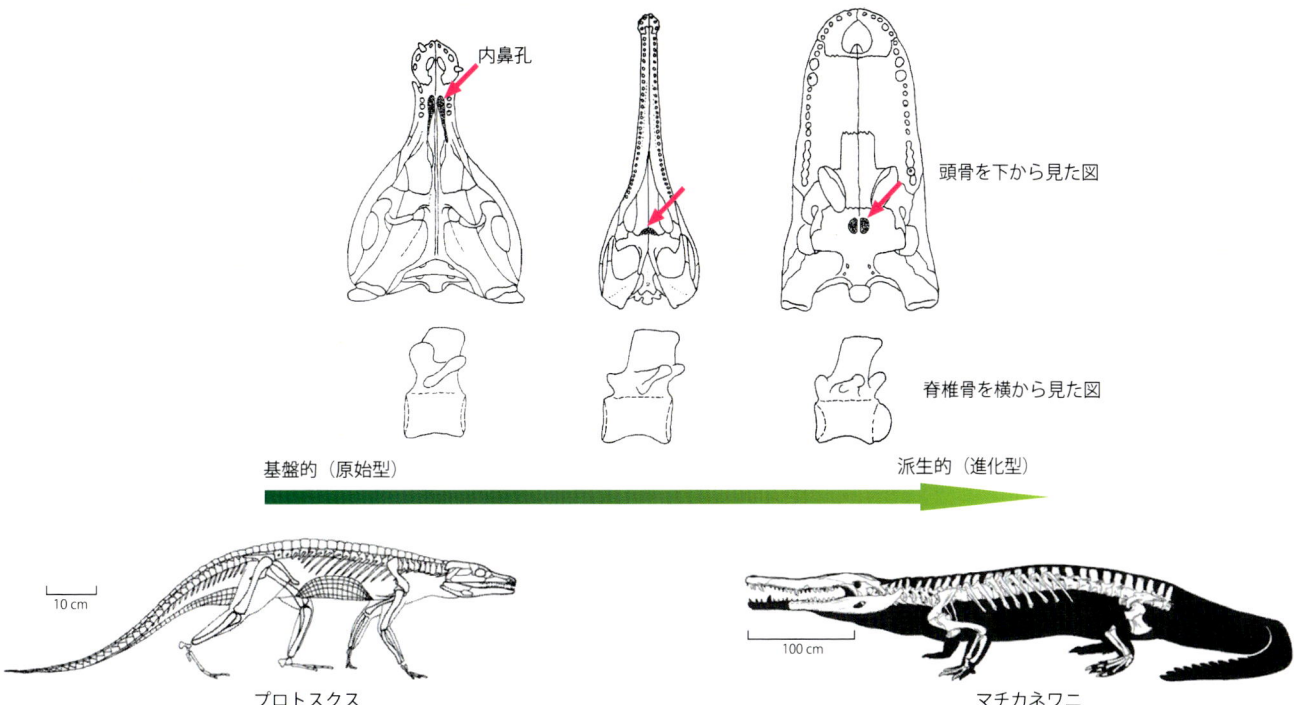

ワニの頭骨と脊椎骨の進化。上段の頭骨は下から見た図で、鼻から入ってきた空気が口の中に出るところ（内鼻孔：赤矢印）の位置の変化を表している。脊椎骨のかたちも進化型（右）になると椎体の片方の面が球状に膨らんでいるのがわかる。プロトスクスは原始的なワニ類である。

　ワニの手足はからだの横に位置し、頭骨は扁平です。これらは一見オオサンショウウオなどの両生類や多くの爬虫類と姿が似て原始的な様相ですが、先に述べたように、これらも元々陸上で生活していたワニが水辺に棲むために独自に進化させた体の形なのです。現在の姿形になったのは1億数千万年前ですが、ワニ類そのものがこの地球上に誕生したのは恐竜とほぼ同じ、2億3千万年前（三畳紀後期）にまで遡ります。この場合のワニ類は、私たちがもっているワニのイメージからかけ離れるものが数多くいます。

　アメリカ合衆国アリゾナ州の三畳紀（約2億5千万年前。この頃の地球は「パンゲア」と呼ばれる一つの超大陸となっていた）の地層から発見されているプロトスクス *Protosuchus* というワニは細長い手足が真っすぐ下に伸び、歩くことに適しており、陸の生活により適していたと考えられます。その一方で、ジュラ紀後期（1億7000万年前）から白亜紀前期（約1億3400万年前）に生息していたメトリオリンクス科のワニは、手や足はヒレのような形をし、尻尾には尾びれが存在し、海の中で生活していました。

　また、ワニの中には哺乳類のように食べ物をかんでいたものもいたようです。アフリカのマラウィという国から発見された白亜紀前期（1億2500万年前～1億年前）のワニに、マラウィスクス *Malawisuchus* というものがいます。このワニの歯は、哺乳類の臼歯のような歯をもっています。顎の構造からも、このワニが「咀嚼」に近いかたちで顎を動かし、ものを食べていたということが考えられています。食べ物への適応として、現生ワニ以上に肉食に適したワニがいました。代表

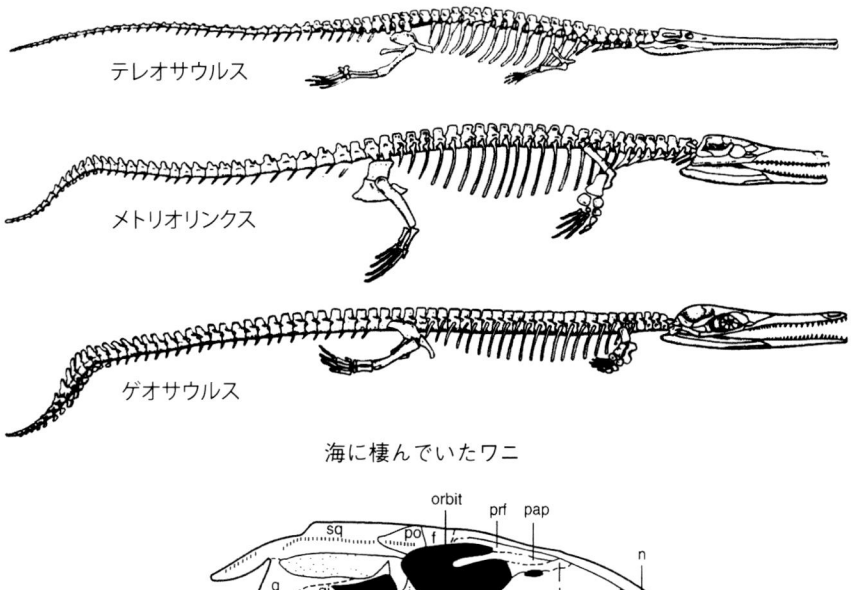

海に棲んでいたワニ

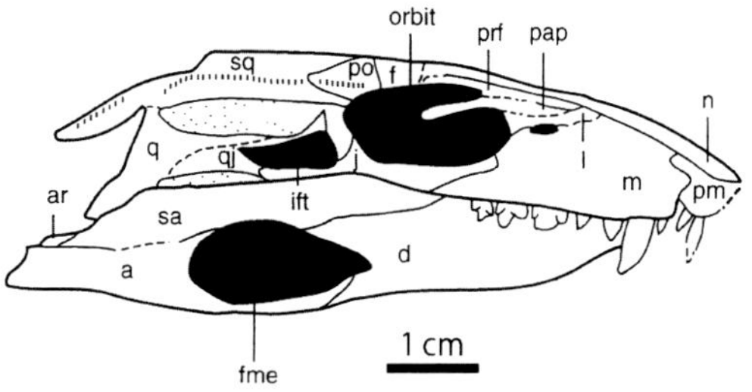

植物食を食べていたと考えられるワニ、マラウィスクス（Gomani, 1997より）

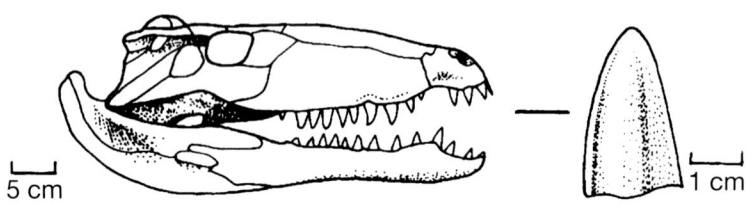

肉食の歯を持ったワニ、セベクスの頭骨と歯

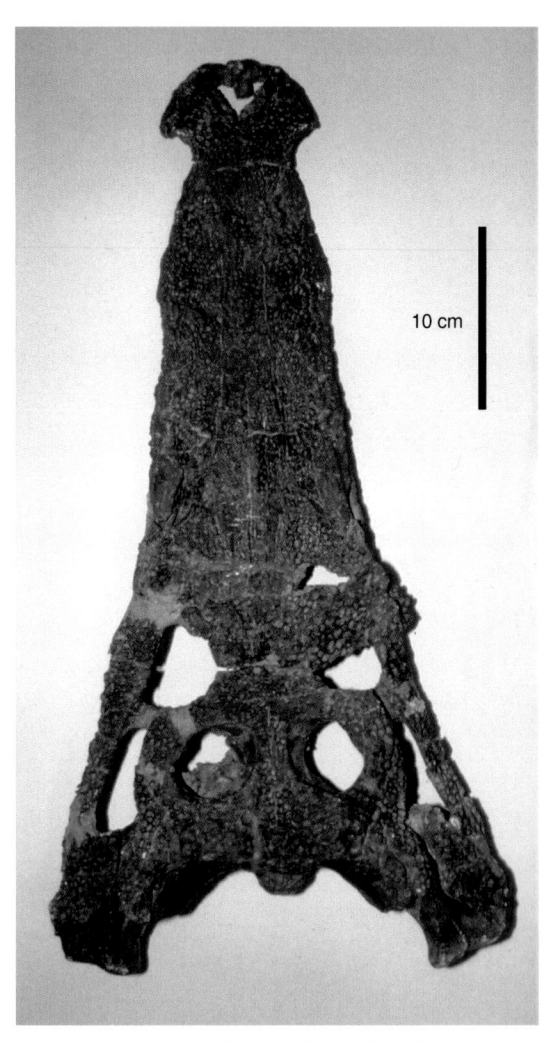

アメリカのオクラホマ州から発見されたゴニオフォリスの頭骨

的なものに南米パタゴニアの新生代（6170万年前〜1170万年前）の地層から発見されている、セベクス Sebecus というワニです。その時代までは現在のワニのような三角錐の歯ではなく、肉食恐竜のように肉を切り裂くのに適したナイフのような歯をもっていたことが知られています。平べったく鋭く、縁には鋸歯（きょし）がついているのです。

現生ワニの体にそっくりなものは、ゴニオフォリス科といわれるグループで、見た目は現在のワニとそっくりな形をしています。このゴニオフォリス科は、ジュラ紀後期から白亜紀前期の地層から発見され、アメリカとヨーロッパから発見されているゴニオフォリス Goniopholis、アメリカのエウトレタウラノスクス Eutretauranosuchus、中国のスノスクス Sunosuchus などが知られています。北半球に集中し、ローラシア大陸分布ともいわれます。南半球を中心としたゴンドワナ大陸からも産出報告はありますが、その化石は断片的なものであり断定ができません（ジュラ紀に、超大陸パンゲアが分裂し、北のローラシア大陸と南のゴンドワナ大陸になった）。つまり、ゴニオフォリス科は北半球起源であり、南半球に渡ることはなかったということです。ゴニオフォリス科のワニと現生のワニを見比べてみても、外見上ほとんど見分けがつきません。これは、1億5千万年前にはすでに現在の「ワニの姿」または「ワニの生活様式」が確立されていたことを意味しているのです。

その後、現生ワニに近づくべく進化をして、からだの作りや生活は現在のワニに非常に近くなっていきます。現生のワニに近いワニたちを正顎類 Eusuchia と呼びます（p.57参照）。ワニ目 Crocodylia という分類群名がありますが、これは正顎類とまったくの同義語ではなく、正顎類はイギリスから見つかっているハイラエオチャンプサ Hylae-

アメリカのテキサス州から発見された巨大ワニ、デイノスクスの頭骨（アメリカ・ダラス自然科学博物館）

ochampsa というワニとワニ目から構成されています（p.57参照）。また、ワニ目は、「現在生きている属（インドガビアル属 *Gavialis*、ワニ属 *Crocodylus*、マレーガビアル属 *Tomistoma*、コビトカイマン属 *Osteolaemus*、アリゲーター属 *Alligator*、カイマン属 *Caiman*、クロカイマン属 *Melanosuchus*、ムカシカイマン属 *Paleosuchus*）の最も新しい共通祖先から生まれた子孫すべて」と定義されています。最も古いワニ目の化石記録は、白亜紀後期にまで遡り、恐竜と共存していました。当時も、熱帯や亜熱帯の水辺に棲み、食物連鎖の頂点に立っていました。アメリカ南部の白亜紀後期の地層からは、デイノスクス *Deinosuchus* という巨大なワニの化石が発見されています。全長12ｍにもおよび、体重は8.5ｔもあったとされています。全長でいうとマチカネワニの2倍近くあります。そして、何よりも驚きなのは、植物食であるハドロサウルス科の恐竜を食べていた可能性があるのです。大きく強靭な顎で、恐竜を襲っていたのかもしれないのです。だからといって、デイノスクスが恐竜を好んで食べていたというわけではないと思います。現在のワニもそうですが、口に入るものであれば襲って食べていただけで、たまたまお腹をすかせたデイスノスクスが、通りかかったかまたは死にかけた（または死んでいる）恐竜を食べるのは自然なことでしょう。デイノスクスは、恐竜絶滅（6550万年前）と同じ時期に絶滅してしまいましたが、このような巨大化はその後もみられ、環境がそろえばワニは巨大化が可能だったと考えられます。

白亜紀後期から新生代にかけて、ワニ目は、現在生きているクロコダイル科、アリゲーター科、インドガビアル科に進化し、それぞれのグループで多様化を成し遂げます。現在インドガビアル科は、1属1種しか生き残っていませんが、過去には数多くの種類が生きていました。

現代のワニ

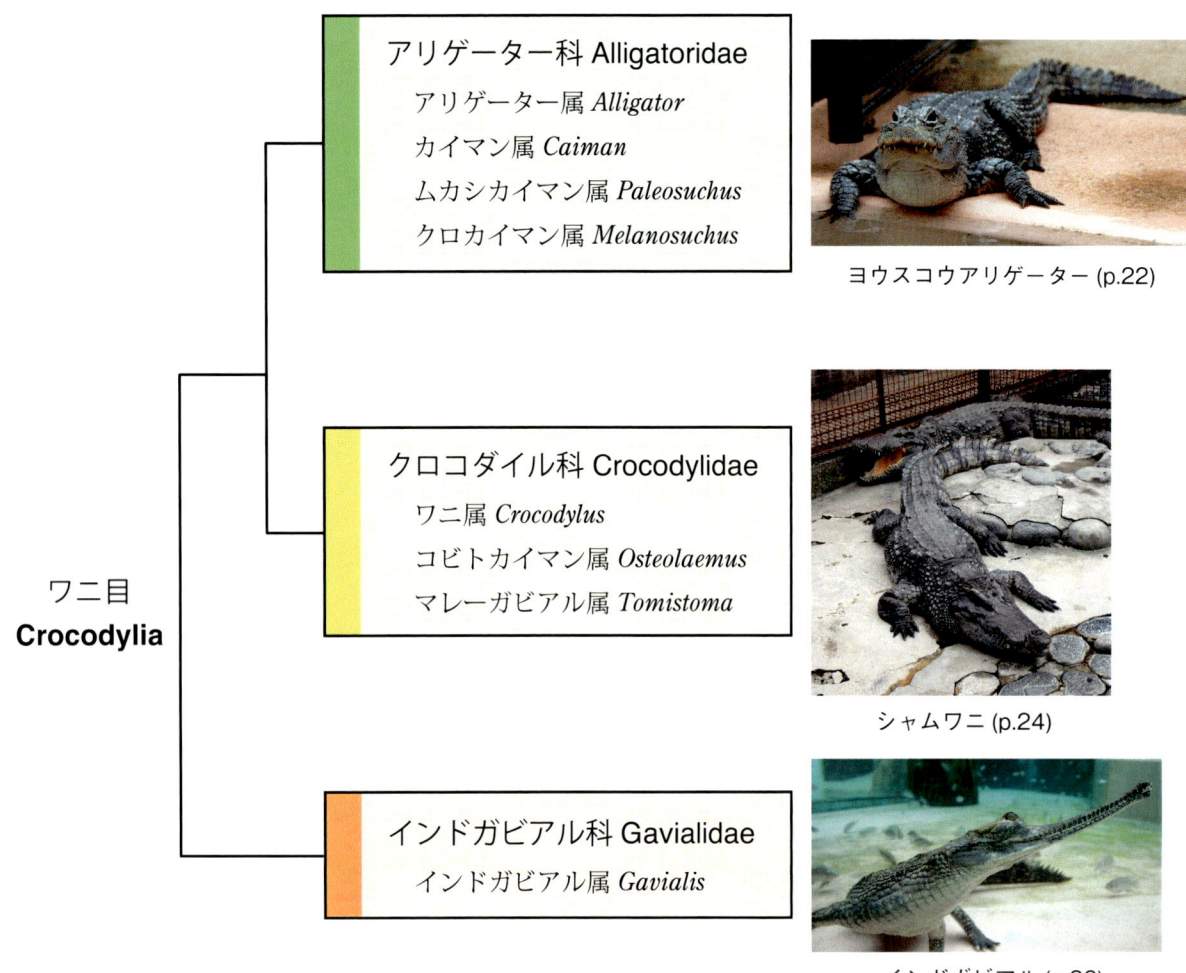

ワニ類の簡単な系統樹と種類（各科の色は、p.21の世界分布に対応）

　ワニは、現在生きている爬虫類のなかで最大級の体をもち、恐竜を思わせる様相をしています。なかには最大10mにまで体が大きくなるワニもいます。現在生息している動物の中で最もワニ目（以降はワニ類）に近縁な動物は、トカゲではなく鳥類です。ワニ類と鳥類を合わせ、主竜類と呼ばれています。絶滅した主竜類には、恐竜類や翼竜類も含まれます。そのワニ類の起源は、恐竜が地球上に現れたのとほぼ同じ時期の2億3千万年前にまで遡ります。その当時陸上の動物だったワニが、二次的に水の中に戻り生活圏を獲得し、およそ1億数千万年前までには、水辺に戻り現在のワニのような姿を確立して熱帯や亜熱帯の水辺の王者になりました。それ以降、ワニはからだの形をあまり変えずに現在までその地位を保っています。

　このように現在まで長年の間、さまざまなワニが地球上に現れ、そして絶滅していきました。現在まで生き延びているワニ類は、アリゲーター科、クロコダイル科、インドガビアル科の大きく3つの科の仲間に分けられます。一見、似たような姿形をしていますが、詳細にわたってみていくといろいろな違いがあり、とくに頭骨に特徴があるのがわかります。

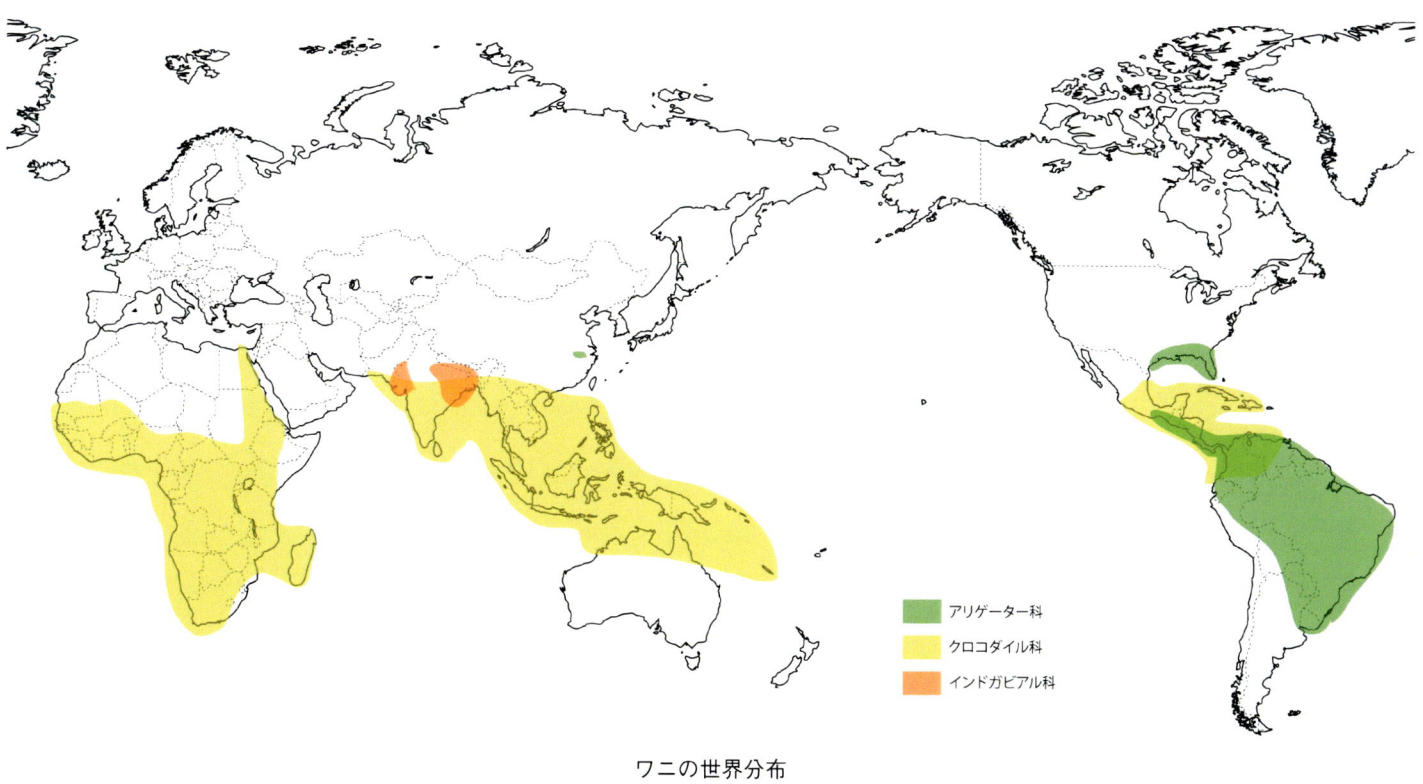

ワニの世界分布

ワニの分布

　現在生きているワニのほとんどは、熱帯・亜熱帯気候の地域、北緯35度以南、南緯33度以北に棲んでいます。これは、ワニが温度に対して敏感で、とくに低い温度での生存は不可能だからです。アメリカでは、北アメリカ南部、中央アメリカ、南アメリカ北半分に広く分布しています。アフリカでは、サハラ砂漠以外の大陸のほとんどに分布しているのがわかります。ユーラシア大陸では、インドから、東南アジア、オーストラリアにかけて分布しています。中国にも分布していますが、これはヨウスコウアリゲーター *Alligator sinensis* (p.22) で、冬になると比較的温度が下がるところで、ヨウスコウアリゲーターは他に比べ寒さに強いワニです。

　なお、この本のワニの分類は Richardson *et al.* (2002) を、和名は青木 (2001) を参照しました。

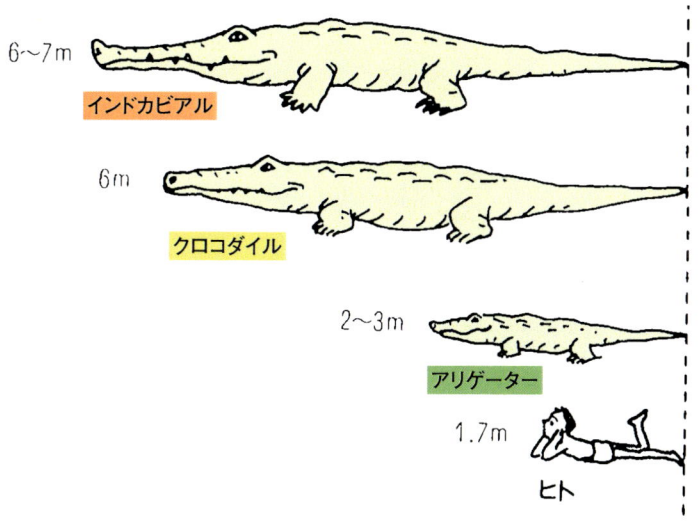

ワニの大きさ比較

『ねむりからさめた日本ワニ　巨大ワニ化石発見ものがたり』（PHP研究所）より。Ⓒ藤田陽生子

アリゲーター科　Alligatoridae

ヨウスコウアリゲーター Alligator sinensis

　アリゲーター科は4属8種のワニが知られています。アリゲーター属 Alligator は2種、カイマン属 Caiman は3種、ムカシカイマン属 Paleosuchus は2種、クロカイマン属 Melanosuchus は1種と、属数では一番多い科ではありますが、それぞれの属に含まれる種の数は1から3種です。これらのワニの特徴は、頭骨を上から見ると口先がU字型をしています。最も日本に近い場所に棲んでいるワニとしては、中国のヨウスコウアリゲーター Alligator sinensis がいます。最も大きいのはアメリカンアリゲーターで6mに達しますが、その他の種は2～3mです。

- アリゲーター属（2種）
  アメリカンアリゲーター Alligator mississippiensis
  ヨウスコウアリゲーター Alligator sinensis
- カイマン属（3種）
  クチヒロカイマン Caiman latirostris
  メガネカイマン Caiman crocodilus
  パラグアイカイマン Caiman yacare
- ムカシカイマン属（2種）
  シュナイダームカシカイマン Paleosuchus trigonatus
  キュビエムカシカイマン Paleosuchus palpebrosus
- クロカイマン属（1種）
  クロカイマン Melanosuchus niger

アメリカンアリゲーター Alligator mississippiensis

キュビエムカシカイマン Paleosuchus palpebrosus

クチヒロカイマン Caiman latirostris

シュナイダームカシカイマン Paleosuchus trigonatus

メガネカイマン Caiman crocodilus

クロコダイル科　Crocodylidae

シャムワニ *Crocodylus siamensis*

　クロコダイル科のワニは、最もたくさんの種が知られています（全部で14種）。現在、3属のクロコダイル科が生息し、それらはワニ属 *Crocodylus*、コビトワニ属 *Osteolaemus*、マレーガビアル属 *Tomistoma* の3つです。ワニ属は12種を含み、あとの2つは1属に1種を含みます。頭骨を上から見ると、三角形の形をしたものや鼻先の長いクロコダイル科のワニもいます。クロコダイル科のワニの上あごの鼻孔よりも後方には、下あご骨に生えている前から4番目の歯が入るようにへこみがあります。この下あごの4番目の歯は、横から見てもよく見えます。これは、クロコダイル科を他と見分ける最も有効な特徴です。

　オーストラリアに棲むイリエワニのように、塩分を含む水の中に棲むものもいます。ここでは、マレーガビアル属をクロコダイル科に入れていますが、遺伝子の研究によると、インドガビアル属と近縁ではないかという説もあります。マレーガビアルは、インドガビアルに似ていることからガビアルモドキとも呼ばれています。

ニシアフリカコビトワニは体長約2m、クロコダイル科で大きいものは約6mになります。

- ワニ属（12種）
  アメリカワニ *Crocodylus acutus*
  アフリカクチナガワニ *Crocodylus cataphractus*
  オリノコワニ *Crocodylus intermedius*
  ジョンストンワニ *Crocodylus johnstoni*
  ミンドロワニ *Crocodylus mindorensis*
  モレットワニ *Crocodylus moreletii*
  ナイルワニ *Crocodylus niloticus*
  ニューギニアワニ *Crocodylus novaeguineae*
  ヌマワニ *Crocodylus palustris*
  イリエワニ *Crocodylus porosus*
  キューバワニ *Crocodylus rhombifer*
  シャムワニ *Crocodylus siamensis*
- コビトワニ属（1種）
  ニシアフリカコビトワニ *Osteolaemus tetraspis*
- マレーガビアル属（1種）
  マレーガビアル *Tomistoma schlegelii*

モレットワニ *Crocodylus moreletii*

ジョンストンワニ *Crocodylus johnstoni*

マレーガビアル *Tomistoma schlegelii*

アフリカクチナガワニ *Crocodylus cataphractus*

ニシアフリカコビトワニ *Osteolaemus tetraspis*

ナイルワニ *Crocodylus niloticus*

 インドガビアル科　Gavialidae

インドガビアル *Gavialis gangeticus*

魚を捕まえるインドガビアル

水の中のインドガビアル

インドガビアル科は、1属（インドガビアル属 *Gavialis*）1種、インドガビアルのみ知られています。このワニの頭骨の特徴は、その長い鼻先と細い歯にあります。顎に生える細い歯は前から後ろまで同じような形をしており、ほぼ等間隔に並んでいます。これらの特徴は、このワニが魚を食べるために進化させたものです。水の中で口を閉じるときに水の抵抗を少なくするために口先を細くし、一度くわえた魚を逃がさないように鋭く尖った歯をもつようになったのです。大きいもので体長は7mくらいになります。

・インドガビアル属（1種）

　インドガビアル *Gavialis gangeticus*

 熱川バナナワニ園の紹介

熱川バナナワニ園の室内の様子

熱川バナナワニ園入口

　本書で使われている現生ワニ写真の多くは、熱川バナナワニ園（静岡県賀茂郡東伊豆町）で撮られたものです。このワニ園は、世界有数のワニを保有し、ワニのことを詳しく知るのであれば、日本ではここしかありません。現在、亜種と交配種を含め21種のワニを所有し、200頭ほど飼育しています。それぞれのワニに池が用意され、種類ごとに観察することが可能です。また、ガラス張りで飼われているワニもおり、いろいろな角度からワニを見ることもできます。さらに、餌となる魚も一緒に放たれており、運が良ければワニが餌を食べる瞬間を見ることもできます。園内にはワニ以外にも、ゾウガメやレッサーパンダ等の動物が飼育され、熱帯の植物園、果樹園もあり、充実した施設です。

Ⅲ　マチカネワニ大解剖

大阪大学総合学術博物館　待兼山修学館展示場入口壁面のレプリカ

研究史・発見と命名

マチカネワニは、1964年に大阪府豊中市柴原待兼山にある大阪大学理学部構内から発見されました。発掘された地層は、新生代・中期更新世の地層（大阪層群カスリ火山灰層準）で約40万年前またはそれ以前とも考えられています。尻尾の大部分と下顎や足の一部が欠けていますが、ほぼ完全なワニ骨格化石です。頭骨だけでも1mを越え、非常に大きいワニです。マチカネワニは、日本で初めて発見されたワニ類の骨格化石で、また日本から発見されたワニ化石の中で最も完全な骨格化石のひとつです。そのため、マチカネワニは日本の古脊椎動物学の歴史上最も重要なものです。またワニ類の進化を解明する研究においても不可欠な標本で世界から注目されています。

マチカネワニの研究発表は1965年にさかのぼります。その後も、幾度か日本人によって研究されています。しかし、世界的には重要性が認められつつも、その全貌がよく見えないワニ化石として扱われていました。マチカネワニには他のワニ類には見られない変わった特徴があり、マチカネワニの系統学的位置について関心がもたれていました。その変わった特徴とは、前（口の先方）から数えて第7番目の上顎歯が非常に大きいことです（p.35参照）。

最初の研究は小畠信夫らによって行われ、1965年に論文が出版されました。この研究によりクロコダイル科のマレーガビアル属（*Tomistoma*）の新種であると提唱され、産地の名前（待兼山）をとって、トミストマ・マチカネンセ（*Tomistoma machikanense*）と命名されたのです。また、和名でマチカネワニと呼ばれるようになりました。マレーガビアル属は、現在もマレーガビアル（*Tomistoma schlegelii*）一種のみが東南アジアに生息しています。マレーガビアル属とマチカネワニの類似性として、鼻骨が外鼻孔まで届いていないことや上顎の歯式が同じ（前上顎歯5本、上顎歯16本）であることなど、頭骨の特徴が指摘されました。

その18年後、青木良輔によってマチカネワニが再研究され、1983年ではマレーガビアル属ではなく新しい属のワニであるということが発表されました。そして、トヨタマヒメイア・マチカネンシス（*Toyotamaphimeia machikanensis*）と名前が変えられたのです。これは、古事記に出てくるワニの化身であるという豊玉姫から名付けられました。青木の議論によると、小畠らの論文に指摘された

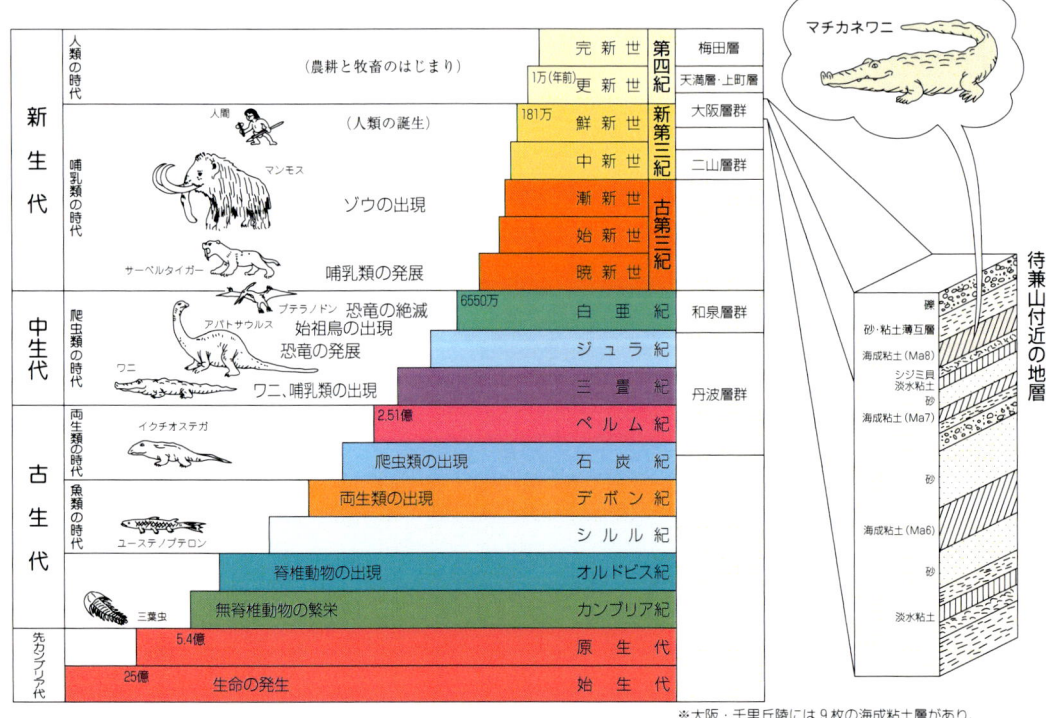

※大阪・千里丘陵には9枚の海成粘土層があり、下からMa1…Ma8と呼ばれている

『ねむりからさめた日本ワニ　巨大ワニ化石発見ものがたり』（PHP研究所）より。ⓒ藤田陽生子

上図は1985年に復元されていたマチカネワニ、下図は2007年に新しく復元されたマチカネワニとその取り巻く環境。マチカネワニの背中の皮骨（鱗板骨）の数が違ったり、新しい研究によってわかった怪我も復元している（左のワニ）。

特徴の多くは吻部（頭骨の目より前の部分）の伸長化にともなって進化した特徴であり、分類での意義が少ないと考えられました。一方下顎の後方にある骨（関節骨後突起 p.36参照）が分類上で重要であることを指摘し、マチカネワニの関節骨後突起はマレーガビアル属よりもワニ属に近いと提唱されました。マレーガビアル属もワニ属もクロコダイル科に属すため、マチカネワニがクロコダイル科に属すワニ類であるということは一致しています。青木の論文が出版されたのは *Copeia* という爬虫類学で国際的に著名な学術誌であったため、マチカネワニ（トヨタマヒメイア）の名前が全世界に知れ渡り、その重要性が確認されることとなりました。しかし、この時点でもマチカネワニはミステリアスなワニとして扱われていました。

その理由の一つとして、小畠らや青木の研究は頭骨を中心に行われ、論文から読み取れる情報が限られていたからと考えられます。

青木の研究以降、世界では次々と新しいワニの研究結果が発表され、とくにワニ類の系統解析においては躍進を遂げていました。そこで、マチカネワニを再び研究するために、国立科学博物館の冨田幸光の指揮のもと、大阪大学・北海道大学・国立科学博物館の共同研究が立ち上がり、さらなる研究が行われました。そしてその結果が2006年に国立科学博物館の紀要として報告されました。この再研究により、マチカネワニの派生形質が見直され、系統学的な関係が見直されました。この後の「マチカネワニ大解剖」は、その新しく研究されたデータを基にして書かれたものです。

巨大なマチカネワニ

マチカネワニの骨格。白く描かれている骨が発見されている部分。隣の人の身長は170 cm。

頭骨（長い吻部、歯）

マチカネワニの頭骨は、ほぼ1 mの長さがあります。この大きさは、現在生息しているワニの中でも最大級の大きさに匹敵します。研究史でも述べたように、一見してわかるマチカネワニの特徴は、長い鼻先と7番目の大きな上顎歯です。

マチカネワニの大きさ

頭骨には、さまざまな情報が隠されています。その一つに、頭骨の大きさからそのワニの全長や体重が推測できるのです。マチカネワニの化石は、尻尾のほとんどが発見されていないため、全長がどのくらいあったかわかっていません。現在の研究で、インドガビアル *Gavialis gangeticus* とワニ属の一種であるイリエワニ *Crocodylus porosus* の頭骨と全長の関係がわかっています。それぞれ、

インドガビアル：

全長/cm ＝ 7.4×（頭骨の長さ/cm）−69.369

イリエワニ：

全長/cm ＝ 7.717×（頭骨の長さ/cm）−20.224

とされています。インドガビアル属の方がイリエワニよりも鼻先が長いため、この式を $y=ax-b$ のグラフで表すと傾き（a）の数値は近いのですが切片（b）が小さくなります。マチカネワニの場合は、インドガビアル属ほど鼻先が長くはなく、イリエワニよりも長かった可能性が高いので、推測される全長はその間と考えられます。マチカネワニの頭骨の長さは102.5 cmですから、6.9〜7.7 mの長さをしていたと考えられます。

また、マチカネワニの体重を頭骨の長さから推測してみましょう。セイロンイリエワニの場合は、

log（体重/g）＝ 3.2613×log（鼻先から肛門までの長さ/cm）−2.0894

ということがわかっています。マチカネワニの復元された骨格から鼻先から肛門までの長さを測ってみると330 cmあります。この数値を式に当てはめてみると、マチカネワニの体重はおよそ1.3トンであることが計算されます。このような大きなワニが、日本に棲んでいたのは驚きです。

マチカネワニは、どのように成長してこのような大きな体になったのでしょうか。おそらく、現在のワニの成長の仕方とそれほど変わっていなかったことでしょう。現生のワニが卵から孵化した直後は、20〜30 cmほどと小さい体をしています。大きいワニには、成体で8 mを超すものがおり、その大きさに達するまで成長を続けます。孵化直後がもっとも成長が速く、成長速度を下げながら体を大きくしていきます。また、すべてのワニにおいて、オスの方がメスよりも大きい体をしています。幼体のときには、体の大きさの差は目立ちませんが、大きくなっていくとその差が顕著になります。

マチカネワニもこのように成長していったと考えられ、生まれたてのマチカネワニは、他のワニのように小さく可愛いものだったことでしょう。現在のところ、間違いなくマチカネワニといえる骨格化石は1個体しか発見されていませんが、今後、幼いマチカネワニが見つかるかもしれません。

鼻先の長い頭骨

　次に、マチカネワニの鼻先について考えてみましょう。長いと一般的にいわれても、何をもって"長い"または"短い"とするのでしょうか。マチカネワニの頭骨を上から見ると、非常に高さの高い二等辺三角形に近いことがわかります。とくに、頭骨の前半分あたりが、ぐっと前にのびている様子がうかがえます。確かにそういわれるとそうですが、これだけではなかなか曖昧な表現です。そこで、ある孔と骨の関係に注目してみましょう。それは外鼻孔、前上顎骨と鼻骨です（p.34、55参照）。外鼻孔とは、いわゆる鼻の穴で、頭骨の最前方に位置します。前上顎骨とは、頭骨の一番前に位置する骨で、歯が生えている骨です。鼻骨は頭骨の真ん中に細長くのびている骨です。鼻骨が細長く前方にのびていますが、外鼻孔にまで届いていない様子がわかります。その代わりに、前上顎骨が外鼻孔を取り囲んでしまっています。これが、鼻先が長いという証拠の一つなのです。一方で、鼻先が"短い"ワニは、鼻骨が外鼻孔にまで到達しているのです。また、同様なことが下あごにも見られます。注目する点は、左右の顎の骨が接している面と夾板骨（p.36上図の青い部分）という骨です。左右の顎の骨が接している面とは、下あごを下から見るとYの字を逆さにしたような形になっていますが、そのYの下にのびる棒の部分で左右が引っ付いている面（下から見ると先に見えます）のことです。

　夾板骨は、下あごの内側にある薄い板状の骨です。この骨が、前方にのびて左右の顎の骨が接している面にまで介入しているというのが、鼻先が長いワニに共通してみられることです。鼻先の短いワニは、この骨は面にまで達していません。このようにして、鼻先の長短を判断することができます。

　鼻先は、子供のときから長かったのでしょうか。卵から孵ったばかりの幼体は、成体よりも短いのです。そして成長とともに長くなっていきます。これは、他の動物にも見られ、このような成長の変化は、体のあらゆる部位の比率が変化していきます。よく知られているものとして、目の大きさが挙げられます。子供のときは頭に対して目の大きさが大きく、成長とともに比率が小さくなっていきます。このような特徴は、子供の可愛さを強調し、母性本能をくすぐるものになるのかもしれません。したがって、マチカネワニの子供も、もっと鼻先が短く、可愛いものだったことでしょう。そして、大阪大学から発見されているマチカネワニは、ほぼ大人になっている形をしています。

　それでは、マチカネワニの鼻先はなぜ長いのでしょうか。その食性と深く関係していると考えられています。鼻先が長い動物は、ワニだけではありません。これらに共通していることは、みんな魚を食べていたことが指摘されていることです。鼻先が長細いことで、水の中で頭骨を動かすときの抵抗が少なく、動かしやすくなるのです。

マチカネワニの頭骨（左横から）

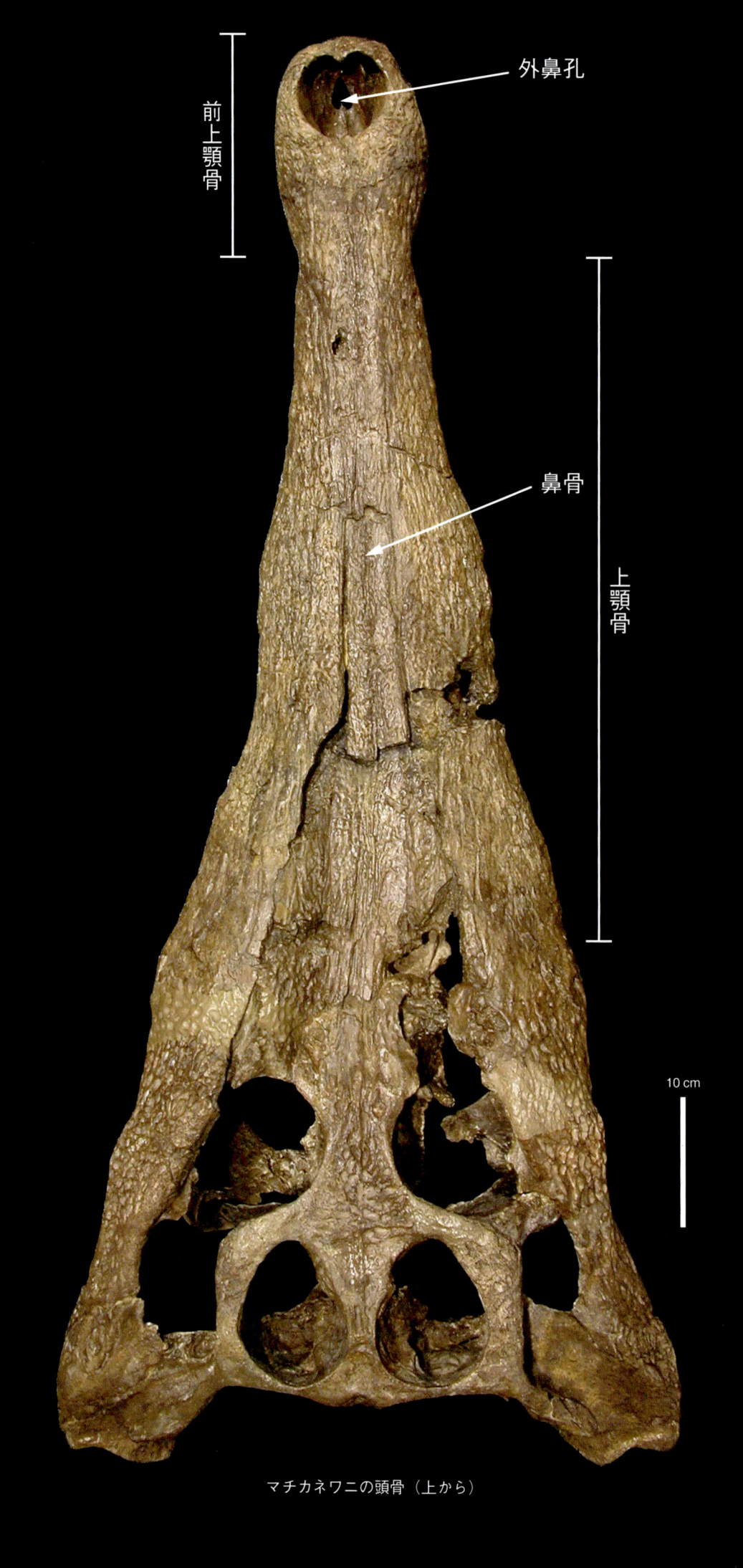

前上顎骨

外鼻孔

鼻骨

上顎骨

10 cm

マチカネワニの頭骨（上から）

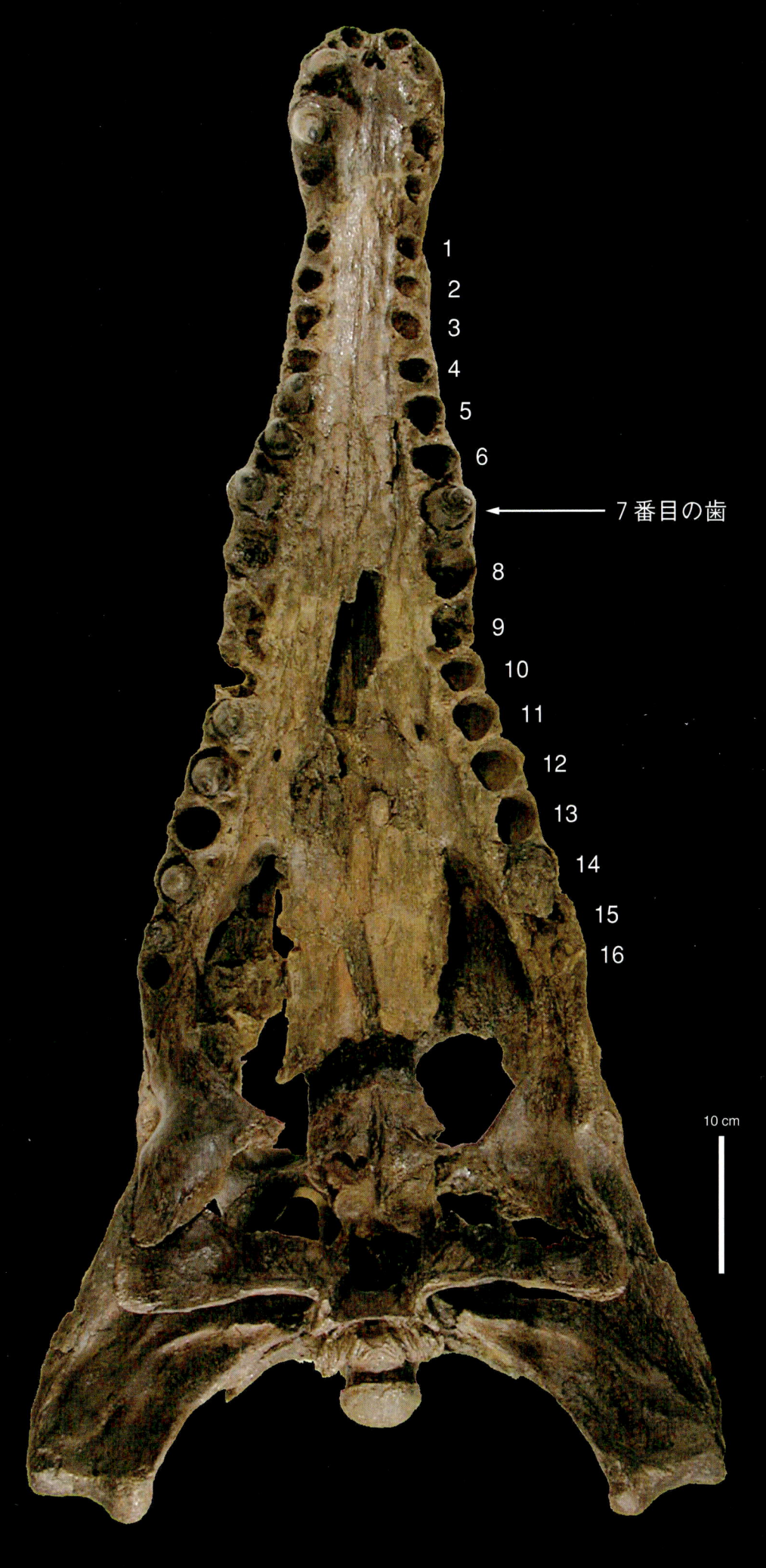

7番目の歯

10 cm

マチカネワニの頭骨（下から）

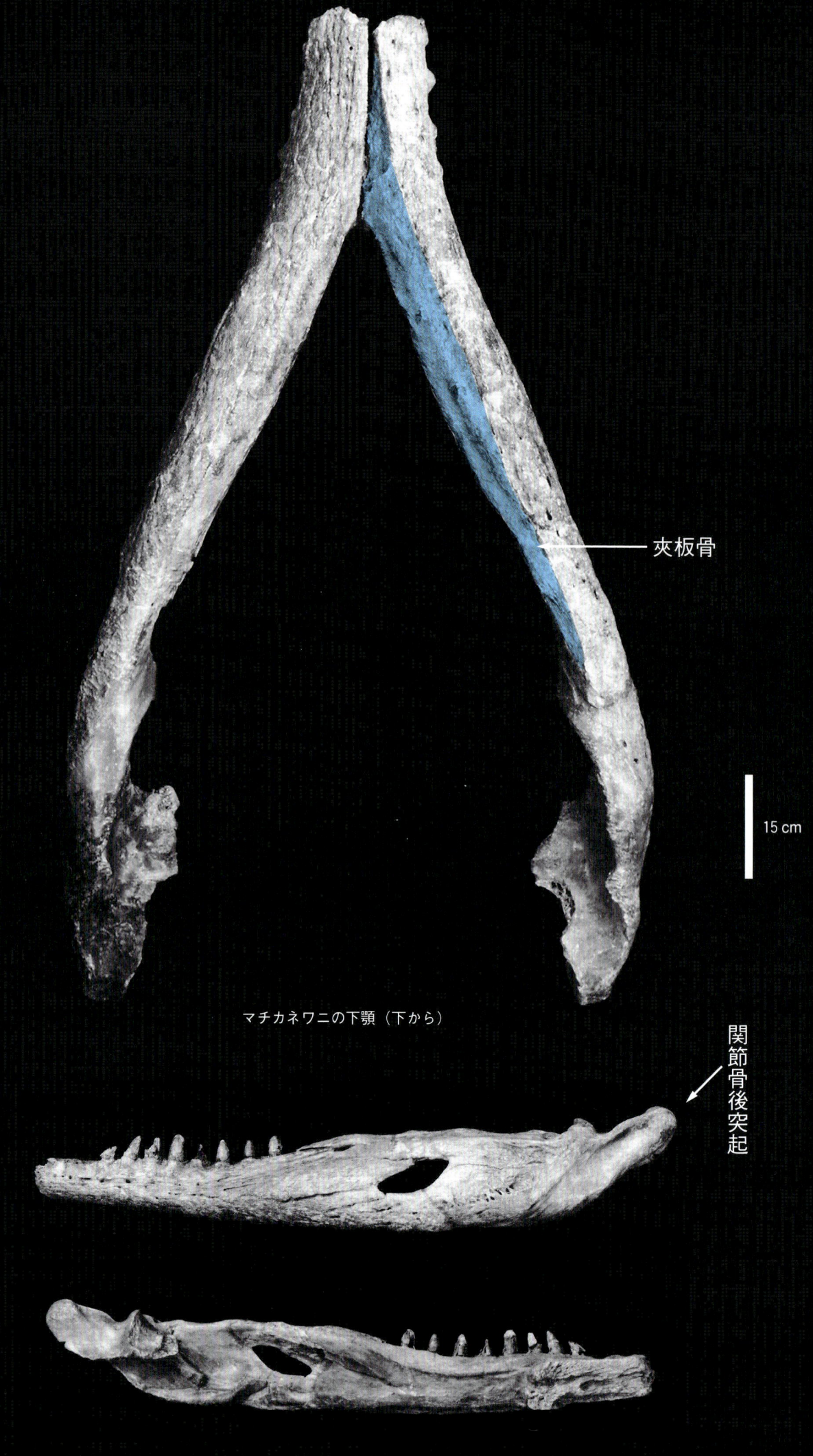

夾板骨

15 cm

マチカネワニの下顎（下から）

関節骨後突起

マチカネワニの下顎（上：外側から、下：内側から）

歯と捕食

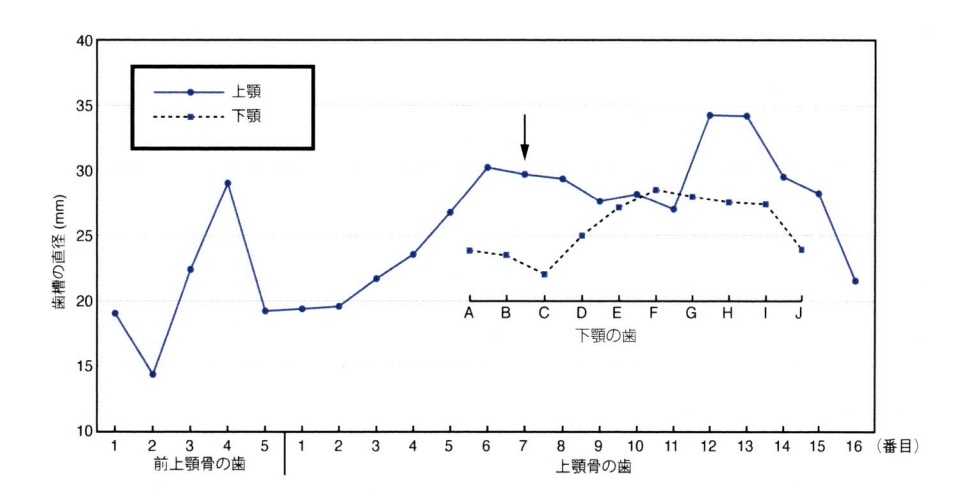

マチカネワニの歯の大きさを表した折れ線グラフ。顎の前の方（前上顎骨の歯）の4番目、真ん中くらい（上顎骨の歯の6番目と7番目）、後ろの方の歯（上顎骨の歯の12番目と13番目）の歯が大きい様子がわかる。下顎の歯が何番目なのかわからないため前から A－J と表示。

マチカネワニの歯

　魚食性のワニの代表格として、インドガビアル属やマレーガビアル属が知られています。インドガビアル属の鼻先は非常に長細く、鋭く細い歯が均等に顎にはえ揃っています。マレーガビアル属の方も、同様な特徴がみられますが、インドガビアル属よりは鼻先が細長くありません。では、マチカネワニはどうでしょうか。マチカネワニの頭骨の形は、どちらかというとマレーガビアル属の頭骨のような形をしています。次に、歯のかたちをみると、インドガビアル属やマレーガビアル属のように、歯の大きさが揃っていません。

　ここで、マチカネワニの歯の特徴を示したグラフを見てみましょう。上のグラフは、歯の太さを示しています。このグラフからもわかるように、マチカネワニの上あごには合計21本の歯が生えています。上あごで歯の生えている骨は二つあります。上あごの前の方に位置する前上顎骨と、後方に位置する上顎骨です。前上顎骨には5本の歯がはえており、これらを前上顎歯と呼びます。また、上顎骨には16本生えており、これらを上顎歯といいます。上あごの一番前の歯が、前上顎歯1番目で、一番後ろが上顎歯16番目となり、前上顎歯5番目の後ろに、上顎歯1番目が生えていることになります（p.35参照）。

　上のグラフには、マチカネワニの特徴である上顎歯7番目の歯が矢印で印してあります。これまでの研究では、この歯が一番大きいとされていましたが、実際に測ってみると、上顎歯12番目と13番目の歯が7番目よりも大きいことがわかります。一番大きくはないにしても、7番目の歯が大きいということは、マチカネワニの特徴といえます。それはなぜかというと、他のワニの歯をみると、上顎骨の歯で大きいのは、4番目か5番目のどちらかなのです。言いかえると、7番目の歯が大きいというのは、マチカネワニしかみられない特徴なのです。

　このグラフと頭骨（p.33、35、38参照）を比較してみると、面白いことがわかります。上あごの前の方（前上顎歯4番目）に大きい歯が一本あります。その前後の歯はそれに比べて小さめです。歯の間隔はというと、その大きい歯とすぐ後ろのは近いですが、上あごには歯と歯の間に隙間があるのがわかります。さらに、上あごの前の方の歯は、横から見ると後ろに反り返っています。その後ろの歯は、7番目の上顎歯に向けて少しずつ大きくなっていき、間隔も少しずつ狭くなっていきます。歯は、内側へ反り返るようになります。そして、12番目から15番目までの上顎歯は最も太く、さらに間隔も非常に狭くなっています。

A
右第4前上顎歯
3 cm

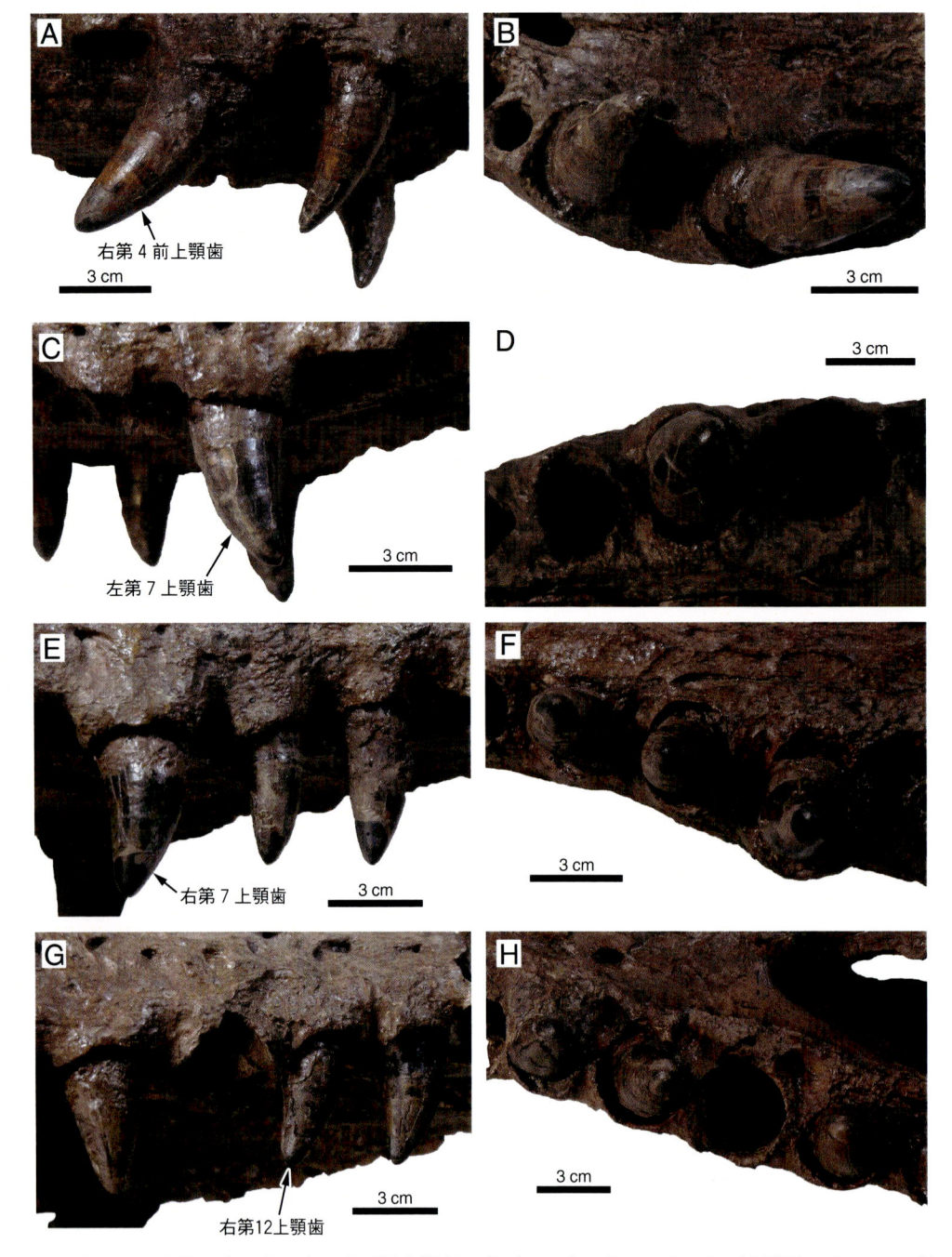

B
3 cm

C
左第7上顎歯
3 cm

D
3 cm

E
右第7上顎歯
3 cm

F
3 cm

G
右第12上顎歯
3 cm

H
3 cm

マチカネワニの上顎の歯：前の方の歯（前上顎骨の歯（A、B）、後ろの方の歯（上顎骨の歯、C～H））

5 cm

マチカネワニの左下顎の歯（上：左から、下：上から）

成長による食性の変化

　一見すると同じような歯が生えているだけのように見えますが、このような特徴からマチカネワニは顎の場所によってうまく使い分けていた可能性が考えられます。前の方、とくに前上顎歯(じょうがくし)は獲物を捕らえるために使い、真ん中あたりの歯(上顎歯11番目まで)で獲物にとどめを刺し、奥の歯で比較的堅いものを砕く能力があったのではないかと考えられます。このような特徴は、インドガビアル属やマレーガビアル属のような同じ鼻先の長いワニとは異なっており、マチカネワニは魚を食べていたと一概にはいえないことが考えられます。魚以外にも、当時生息していた脊椎動物を食べていた可能性があるのです。

　現生ワニの中で、ワニ属の体は非常に大きく、最大8mにも及びます。マチカネワニよりも少し大きいくらいです。生まれたばかりのワニ属の大きさは25cmほどなので、40倍にも大きくなるということです。こんなに大きくなる脊椎動物は、現在生きている生物の中でワニしかいません。これだけ急速に体の大きさを変えていくワニは成長に伴って食べ物を変えていき、また食べ方も変えていきます。生まれたばかりのワニは、水際にいる昆虫などを食べ、そして次第にカエルや魚に獲物を変えていきます。2mを超えると、鳥や哺乳類などの大型動物も襲うようになります。このように体が大きくなるにしたがい、大きい動物を食べるようになるのですが、大きいワニでも小型動物を食べます。ワニの食べ物は、年齢や体の大きさだけではなく、その生活環境によっても左右されます。汽水棲(きすいせい)のワニはカニ、エビ、貝、魚など、淡水性はオタマジャクシ、カエル、巻貝、魚などを食べます。このように、どの動物を食べるというよりも、そのワニが生きている環境にいる動物を食べるといってもいいでしょう。ただ、インドガビアルやマレーガビアルのような鼻先の長いワニは、魚を中心に食べ物としています。

　マチカネワニもワニ属のように、成長とともに食性を変化させていった可能性があります。インドガビアル属やマレーガビアル属のように鼻先が長いのは事実ですから、魚を中心に食べていた可能性が高いですが、歯の形から考えると、もっと一般的なワニが食べるような、鳥や哺乳類などの大型動物も食べていたことも考えられます。

ワニはどのようにして物をたべるか

　私たちが物を食べるときは、下あごだけを動かして咀嚼(そしゃく)を行っています。日常生活において、あまり意識はしないと思いますが、人間や他の哺乳類は、下あごを前後上下左右に動かすことができます。このような複雑な動きが可能なために、食べ物をすりつぶす咀嚼が可能となっているのです。

　一般的に、動物が物を食べるときには、口や歯を使って食べ物を捕らえ、口の中で食べ物を喉の方へ移動させ、最終的に飲み込むという動作をします。人間などの哺乳類は、門歯(もんし)や犬歯(けんし)を使って物を捕らえ、前臼歯(ぜんきゅうし)と臼歯を使って咀嚼をし、食べ物をすりつぶします。歯によって役割が違うため、それぞれの歯は違う形をしています。ワニは、下あごを上下に動かし口を開けたり閉めたりすることはできますが、哺乳類のように前後左右に動かすことができません。つまり、パクパクと口を開閉することしかできないのです。これでは、すりつぶすことはできません。そのため顎についている歯に臼歯はなく、すべて同じ形(三角錐)をしています。

　また、人間の場合は、手を使って食べ物を口までもっていきますがワニは、四つ足で行動をするため、手でつかむことはできません。ワニが食べ物を捕らえるには、頭を回転させるように横に振り、片方の顎で獲物を捕まえます。何度もくわえ直すような形で、その食べ物を何度も噛み、その獲物のとどめを刺し、飲みやすいようにつぶしていきます。また、中にはくわえた状態で獲物ごと水の中に潜り、獲物を溺死(できし)させることもあります。口に入らないほどの大きい獲物を襲ったときには、ワニがその獲物の肉に口先で噛みつき、その状態で体をスクリュードライバーのように回転させます。それによって肉を引きちぎり、口に入る小さい肉を得るのです。食べ物を喉(のど)のほうに送るためには、口先を上に向けてくわえ直すような動きによって、食べ物をどんどん奥へ送ります。そのうち、食べ物の長軸を頭の長軸にあわせ、頭から飲み込み喉の付近に来たら、完全に飲み込みます。マチカネワニもその例外ではなく、このように獲物を捕らえ、食べていたと考えられます。

化石骨からわかること─脊椎骨と年齢─

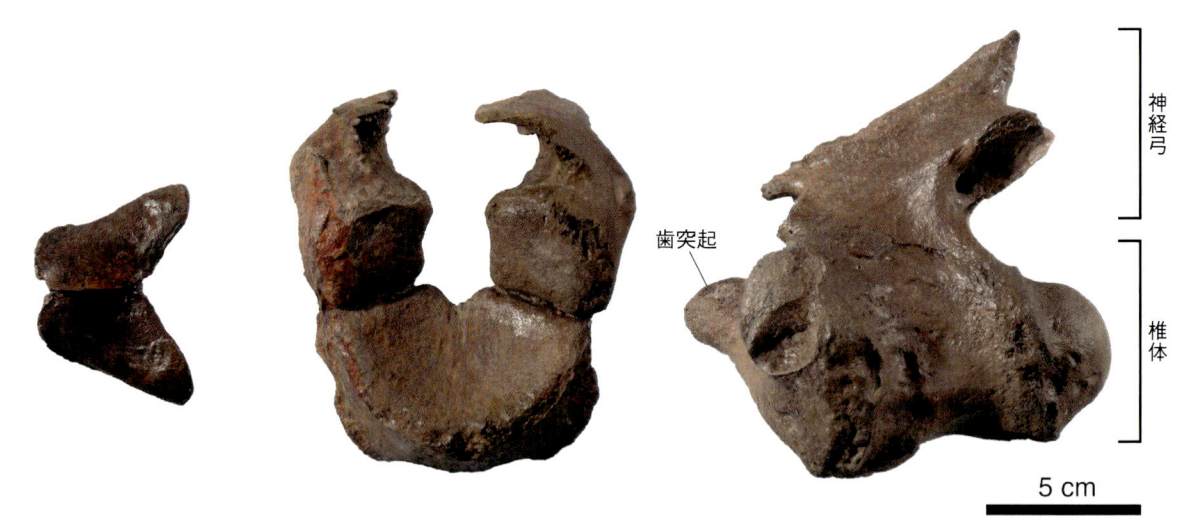

マチカネワニの前環椎を上から（左）、環椎を前から（中）、軸椎を左横から（右）見たところ。

　マチカネワニの脊椎骨は尾椎骨（尻尾の骨）を除いて完全に揃っています。頸椎骨（首の骨）が9個、胴椎骨が15個、仙椎骨（骨盤につながる脊椎骨）が2個、すべて保存されています（p.43）。これは、他のワニと同じ数になります。ワニの尻尾は、30～40個の尾椎骨からできています。しかし、マチカネワニの標本はそのうち3つの尾椎骨しか発見されていません。それら3つの尾椎骨は尻尾の根元にあたるものと考えられています。

　それぞれの脊椎骨を見ると、一つの骨でできているように見えますが、実際は2つの骨から構成されています。上下に分けると、下の鼓状の部分が椎体と呼ばれ、背骨どうしがつながる主な面をもっています。頭側の前面はへこんでおり、尻尾側の後面は半球状に膨らんでいます。膨らんだ面が、後ろに続く椎体のへこんだ面に入るようになっています。ボール状の骨が、ソケット状の中に入り込むようになっており、背骨が動くようになっています。次に、椎体の上にある複雑な構造をしている骨を神経弓と呼びます。脊椎骨を前から見ると大きな穴が見えますが、それは脊髄が通っているところです。神経弓は複雑な形をしていますが、特徴としては上に伸びている板状の骨（神経棘）、飛行機の翼のように左右横に張り出す板状の骨（横突起）、そして前と後ろに張り出す突起（前関節突起、後関節突起、p.41）が特徴として挙げられます。前関節突起と後関節突起には、平らな面があります。前関節突起の平らな面は上を向いており、後関節突起の面は下を向いています。後関節突起の面は、一つ後ろにある脊椎骨の前関節突起と相対します。椎体のボール・ソケットの関節により、かなりの自由度で背骨が動くようになるのですが、この前・後関節突起が、動きすぎないように誘導します。

　これらの情報をふまえて、マチカネワニの脊椎骨の形が場所によってどのように違うのか見てみましょう。頸椎骨（首の骨）が並んでいる写真を見ると、全部で10個並んでいます（p.43）。先ほど9個といっていましたが、一番前にある板状でブーメランのような形状のものは数えていません。これは、1番目の頸椎骨の前に位置する前環椎というものです（上写真）。次に続く1番目と2番目の脊椎骨も少し変わった形をしています。それらの頸椎骨には違った名前がつけられており、それぞれ環椎、軸椎とよばれます。環椎は、字の通り前から見ると輪のようになっています。軸椎の椎体をみると、へこんでいるはずの前方面が凹んでいません。むしろ何かが飛び出ています。

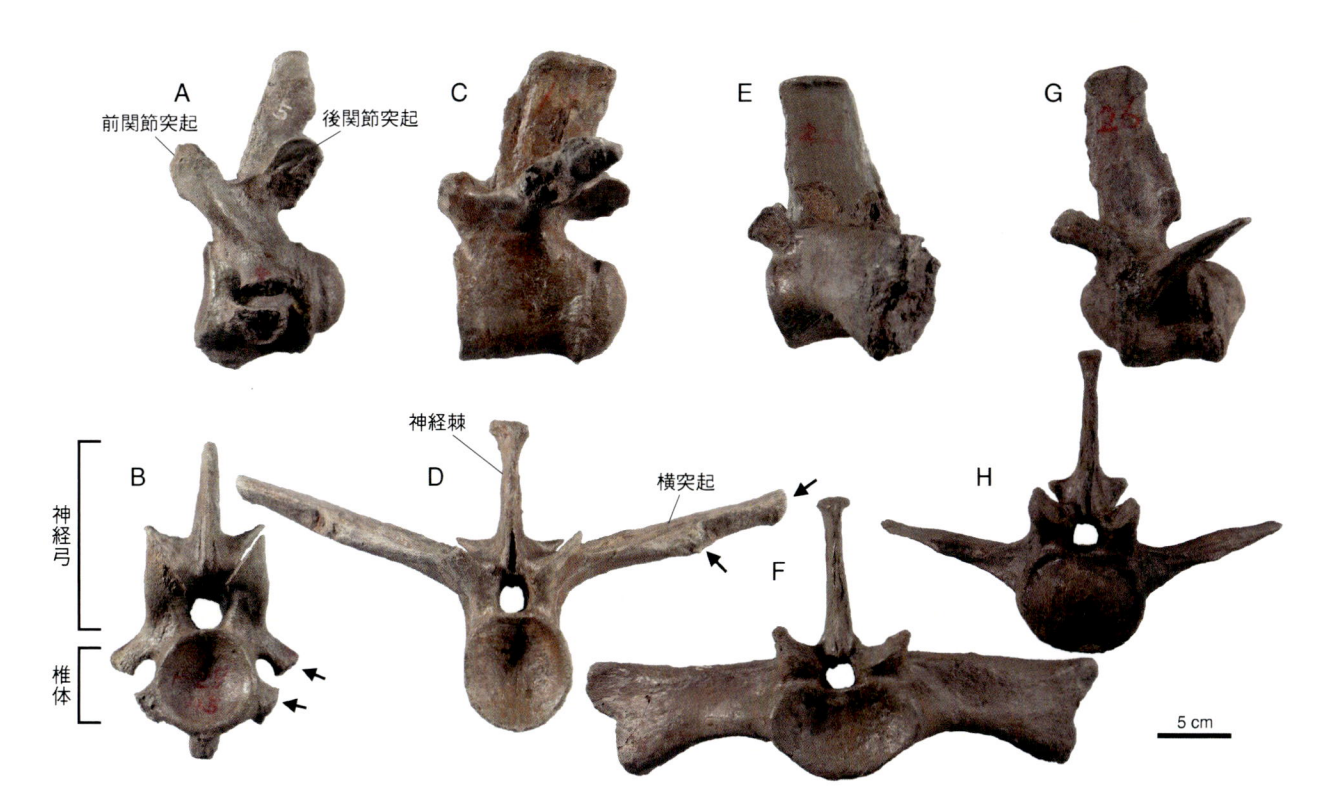

マチカネワニの椎体のいろいろ。第6頸椎（A）と（B）、第5胴椎（C）と（D）、第1仙椎（E）と（F）、第1尾椎（G）と（H）。上段は左横から、下段は前から見たところ。矢印は、二股に分かれた肋骨が繋がるところ。

この飛び出した骨は歯突起と呼ばれています。環椎の後ろの面も膨らんでいるはずがへこんでいます。歯突起の出っ張りが、環椎の後ろのへこみにはまります。環椎の前もへこんでいますが、ここには脊椎ではなく、頭骨の後ろにあるボール状の出っ張り（後頭顆、p.33写真）がはまります。ワニの頭が上下に動くのは、環椎と後頭顆の関節の動きによって、ワニの頭が上下に動かされ、環椎と軸椎の関節の動きによって頭骨を横に動かしたりまわすことができるのです。

残りの脊椎骨は基本形が同じです。頸椎骨と胴椎骨の椎体はすべて前がへこみ、後ろが膨らんでいます。膨らみ具合（またはへこみ具合）が、少しずつ変化しています。とくに、胴椎の2番目から10番目の膨らみは非常に大きく発達しているのがわかります。頸椎骨をみると、後ろの脊椎骨になるほど、神経弓の上にのびる神経棘が、どんどん長くなっているのがわかります（p.43参照）。横突起もどんどん長くなり、さらに斜め下にのびていたものが、最後には水平になっていきます。前から見ると、前関節突起の面が斜め45度くらいに傾いているのがわかります。

胴椎骨の神経棘を横から見ると、その幅はどんどん広くなり、やや後ろに傾いていたものが、前の方に傾くようになります。横突起は胴椎の真ん中に向けて長くなり、それよりも後ろになると少し短くなっていきます。前関節突起の面は後ろの胴椎骨になると少し水平に近くなります。

仙椎骨の椎体も、頸椎や胴椎と異なっていています。1番目の仙椎の前の面はくぼみ、2番目の椎体の後ろの方もくぼんでいます。神経棘や前関節突起、後関節突起は、後方の胴椎骨と似ています。仙椎骨の一つの特徴は、横に伸びる太い骨です。この骨が腰の骨（腸骨、p.49参照）につき、しっかりと体重を支えます。

最後に尻尾ですが、一番目の尾椎骨の椎体は両方膨らんでいます。その他の二つは、頸椎や胴椎と同様な椎体の形をしています。

現在生息しているワニは、正顎類であると先に述べました（p.12）。2億数千万年前から続く、ワニの進化を考えるときに、脊椎骨の形も大いに役に立ちます。とくに椎体の前後の面がどのよう

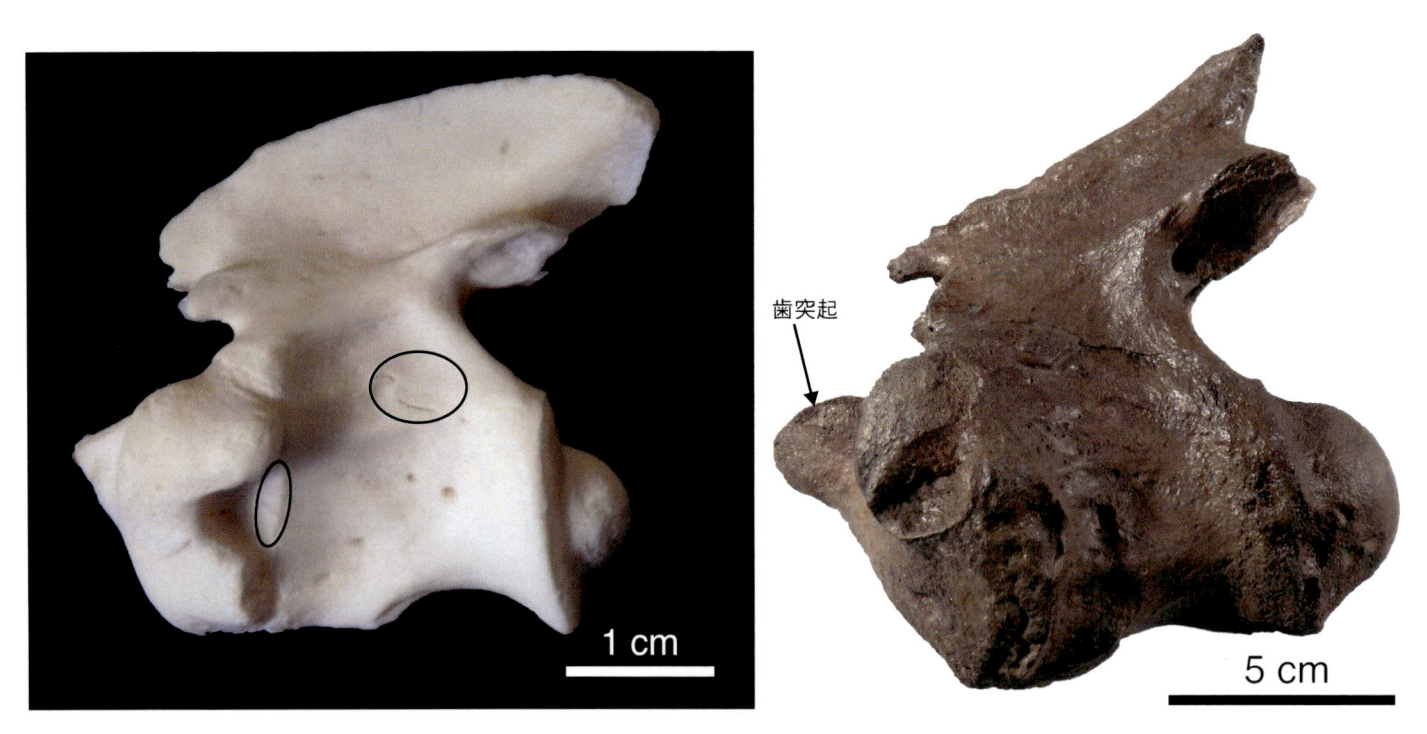

メガネカイマン（左）とマチカネワニ（右）の軸椎の比較。メガネカイマンの縫合線（左写真丸囲内）がまだ癒合していない様子がわかる。

な状態になっているかが、大事な情報になってくるのです。マチカネワニの椎体は、前の面がへこんでいて、後ろの面が膨らんでいることは先ほど説明しました。この椎体の形を前凹型と呼びます。正顎類よりもっと原始的なワニの多くは、前凹型をとっておらず、両方が軽くくぼんでいる、両凹型椎体をもっています。前凹型の椎体をもっていることが、正顎類の特徴の一つともいえるのです。また、一番目の尾椎の椎体が両方膨らんでいるのも正顎類に見られる特徴でもあります。

マチカネワニの"年齢"

脊椎のある部分に注目すると、そのワニがどのくらい若く、どのくらい年をとっているかを判断することができます。それは、脊椎骨を構成する神経弓と椎体の縫合線です（上写真左）。神経弓と椎体は、生まれたときは、二つの骨として別々に存在しています。そして、成長するにしたがって、この二つの骨が癒合し一つの骨になります。癒合は、一度には起こらず、時期をずらして癒合するということがわかっているのです。この癒合するタイミングを使うことで、そのワニがどのくらい年を取っているのかがわかります。

卵から孵ったときには、すでに尾椎骨のほとんどは癒合しています。一方で、その他の脊椎骨は癒合していません。成長していくと、後ろの脊椎骨から前の脊椎骨へと癒合が始まります。首の骨（頸椎）に癒合がみられるときには、そのワニが大人になったといえます。首の二番目の骨を軸椎といいますが、その骨は椎体と神経弓以外に歯突起と呼ばれるもう一つの骨があります。歯突起が軸椎の椎体に癒合するのは、そのワニが成長の最終段階に入っていることを示します。そこで、マチカネワニをみると、マチカネワニの脊椎は、すべて縫合線が確認できないほど見事に癒合しています。さらに、歯突起も軸椎の椎体に癒合しており、マチカネワニが成体であったことを示すのです。

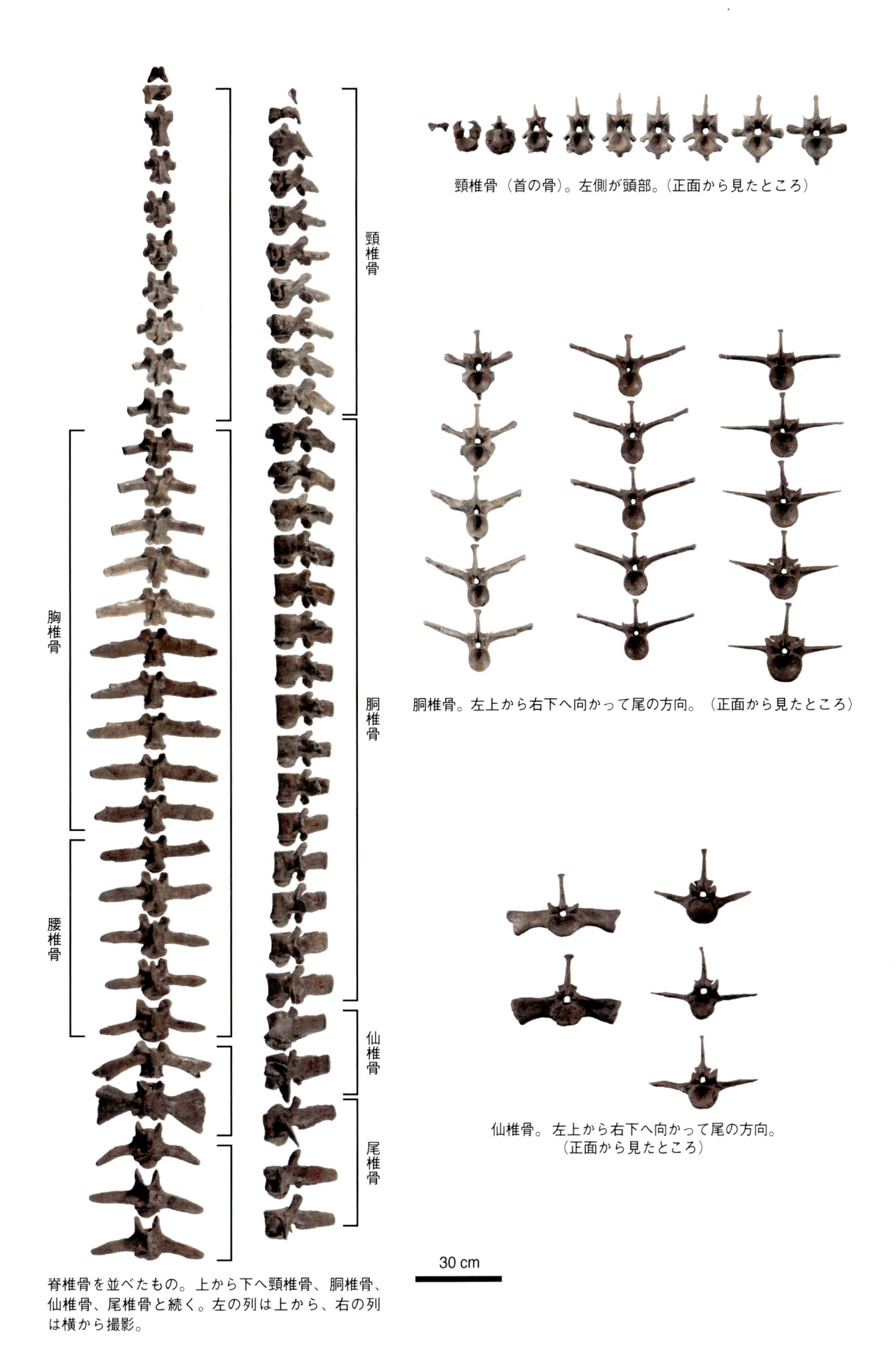

頸椎骨（首の骨）。左側が頭部。（正面から見たところ）

胴椎骨。左上から右下へ向かって尾の方向。（正面から見たところ）

仙椎骨。左上から右下へ向かって尾の方向。
（正面から見たところ）

30 cm

脊椎骨を並べたもの。上から下へ頸椎骨、胴椎骨、仙椎骨、尾椎骨と続く。左の列は上から、右の列は横から撮影。

肋骨と鱗板骨

首の肋骨（頸肋骨）（二番目から七番目の頸肋骨；外側）

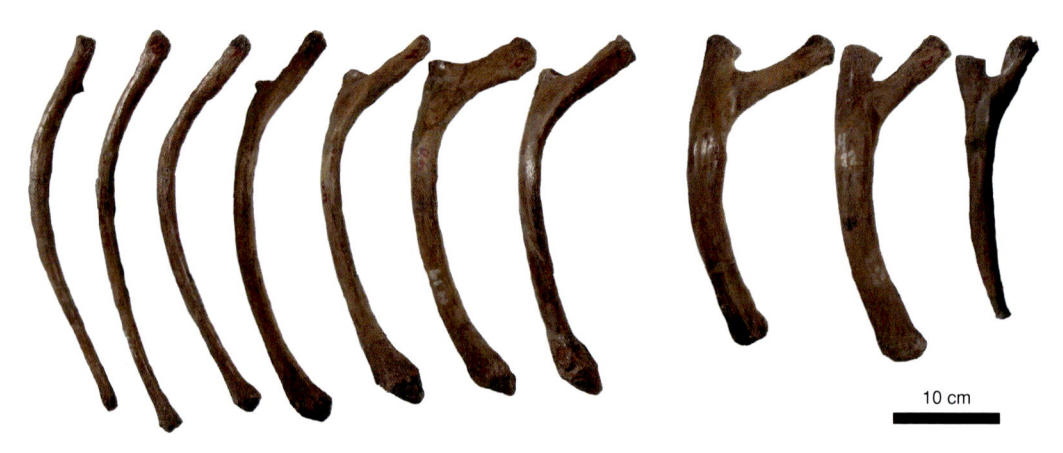

首の肋骨（頸肋骨）と胴の肋骨（胴肋骨）、右端から第八頸肋骨、第九頸肋骨、第一胴肋骨、第三胴肋骨、その後第九肋骨まで。

　ワニの首と胴体には肋骨がついています。首を形成する頸椎骨につく肋骨を頸肋骨と呼び、胴椎につくものを胴肋骨といいます。マチカネワニの肋骨は、頸椎骨や胴椎骨から分離してしまい、化石になる過程で何本か失われています。しかし、肋骨の数は他のワニと同じで、頸肋骨が9対で胴肋骨が10対あります。このような肋骨の数の確認は、脊椎骨に残されている構造によって確認できます。その構造とは、脊椎骨に残っている肋骨がつながる面です。肋骨の脊椎骨につく方の先端は、二股にわかれています。言いかえると、脊椎骨には、肋骨がつながる二つの面が存在するということです。上図下の肋骨と43ページの写真を見るとわかりますが、その面が、頸椎骨と胴椎骨の10番目まで観察できます。胴椎骨の11番目から15番目にはその関節面がありません。つまり、ワニの胴体の前の方には肋骨があるのですが、後ろの方には肋骨が存在しないのです。先ほど、胴体にあたる部分の脊椎を胴椎骨と紹介しましたが、肋骨がつく胴椎骨（胴椎骨1から10番目まで）を胸椎骨と呼び、その後ろ5つ（胴椎骨11から15番目まで）を腰椎骨と呼ぶことがあります。このように、後ろの方の肋骨が無い状態は哺乳類にもみられます。また、肋骨には腹肋骨といわれる非常に細い肋骨がありますが、マチカネワニでは見つかっていません。

　肋骨が作り出す籠のような構造は、肺を守ります。そして、肺の後方には、隔膜が存在し、胸の空間（胸腔）と腹の空間（腹腔）を分けています。私たち哺乳類の場合は、横隔膜といわれるこの隔膜の動きによって肺を膨らませたりしぼませたりし、呼吸を助けます。横隔膜は哺乳類の特徴で、横隔膜によって効率よく呼吸ができるようになっています。

背中の鱗板骨

腹側の鱗板骨

　ワニの隔膜と呼吸の仕組みは哺乳類と似ているようですが、異なっています。ワニが息を吸うときは、肋骨を前方そして外側に開き、胸腔を広げます。そして肺のすぐ後ろにある肝臓が筋肉によって後方に引かれさらに胸腔を大きくし、肺に空気を入れるようにするのです。息を吐くときはその逆の動きによって胸腔を小さくして行います。哺乳類のように肋骨を広げること以外にも胸腔を大きくする機能をもっているという面で、ワニは他の爬虫類よりも効率よく呼吸ができるといってもよいのではないでしょうか。

　ワニの背中には、身を守る鎧のように、鱗板骨（りんばんこつ）という骨が存在します。現在のワニがもっている背中の鱗板骨は、正方形に近い四角から丸い形まであります。そして、その一つ一つの鱗板骨の表面には前後に走る一本の陵があります。マチカネワニからも鱗板骨が発見されていますが、その形は正方形に近い四角ではなく、長方形に近い四角の形をしています。他のワニは左右あわせて6列の鱗板骨が並んでいるのですが、マチカネワニは4列しか並んでいなかったようです。さらに、その表面は平らで、陵がありません。これらの特徴は、マチカネワニ特有のものです。鱗板骨の外側の面はへこみがたくさんありますが、内側の面は滑らかな表面になっています。2つだけですが、お腹の鱗板骨も見つかっています。背中のものとは異なり、丸い形をしています。

肩と前肢

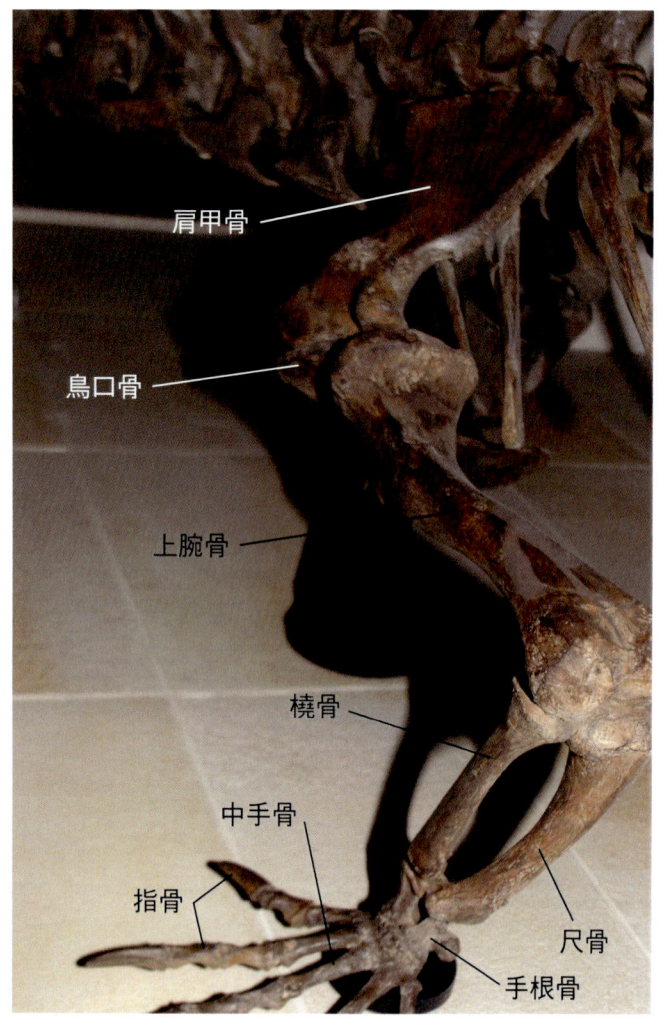

レプリカの肩と前脚（左方が頭部）

肩の骨の集合体を肩帯といいますが、対になっている肩甲骨と烏口骨、そして一本の間鎖骨からなります（p.47）。マチカネワニにはそれらすべてが残っています。肩甲骨と烏口骨は一見形が似ています。骨は板状ですが、真ん中にくびれがあります。その二つの骨はつながっていますが、その関節付近は分厚くなっています。もう一方の端は、薄い板状になっています。この二つを簡単に区別するには、穴があるかどうかで判断できます。小さい穴がある方が烏口骨で、ない方が肩甲骨です。この二つの骨が関節した状態で、上腕骨がはまるくぼみ（関節窩）ができます。肩甲骨は体の横に位置し、烏口骨は体の下の方に位置します。間鎖骨は棒状のもので、2つの烏口骨の間（ヒトでいうと胸の真ん中あたり）に位置します。

前肢は、上腕骨、尺骨、橈骨、手根骨、中手骨、指骨という骨があります。マチカネワニは、左側の前肢の骨が見つかっています。上腕骨は肩から伸びる、前肢のなかでもっとも頑丈にできている骨です。尺骨と橈骨はペアになっており、上腕骨と手首の間にある骨です。尺骨は少し湾曲しています。手根骨は手首にあたる骨です。中手骨は手の甲にあたり、本来は5本あるのですが、マチカネワニは2本しか見つかっていません。また、指骨はその名の通り指の骨で、マチカネワニのものは、未だ発見されていません。

前述（p.42）のように、マチカネワニの脊椎がすべて癒合していることから、マチカネワニは大人のワニであったと説明しました。しかし、ワニの成長が完全に終わったかどうかは、肩甲骨と烏口骨の癒合にみられるという意見があります。つまり、肩甲骨と烏口骨が癒合していないマチカネワニは成体ではありましたが、完全に大人になりきっていたか、これ以上大きくならなかったのかというと、もし死なずに生き延びていればさらに大きくなっていたと考えられます。マチカネワニが棲んでいた大阪には、何頭ものマチカネワニが棲んでいたはずですので、中には発見されたマチカネワニ以上の大きさのワニが棲んでいたかもしれないですし、この先もっと大きなマチカネワニの化石が発見される可能性があるということです。

関節窩
5 cm

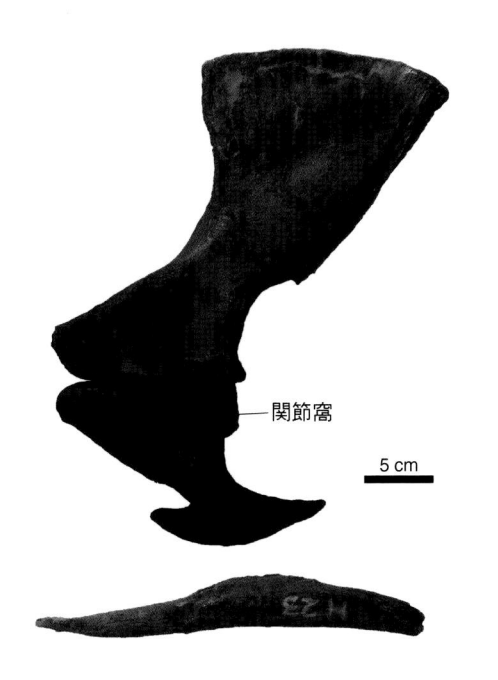

10 cm

5 cm

肩の骨（上から、肩甲骨、烏口骨、間鎖骨）

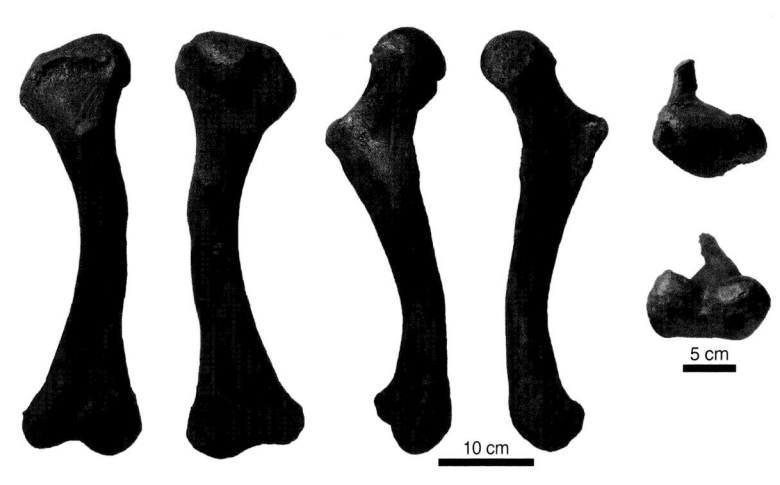

さまざまな方向から見た上腕骨

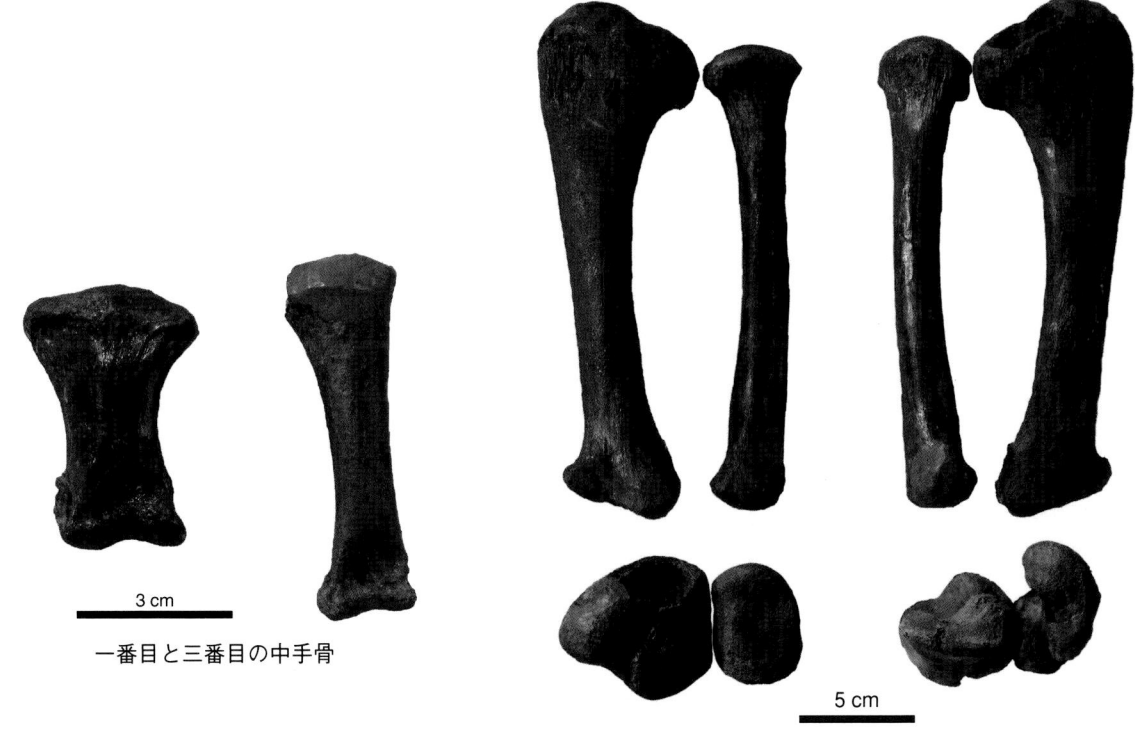

3 cm

一番目と三番目の中手骨

5 cm

さまざまな方向から見た尺骨

47

腰と後肢

　腰の骨の集合体を骨盤といいますが、対になっている腸骨、恥骨そして座骨からなります。マチカネワニの恥骨は発見されていませんが、腸骨、座骨は左右とも見つかっています（p.49）。腸骨は半円状のもので、骨盤の上半分を構成します。横から見て、腸骨の背中側の輪郭は弧を描く形になっていますが、斜め前に尖ったもの（次ページ上図中矢印）が出ています。これは面白い特徴で、なんとインドガビアルにも見られる特徴です。このことでマチカネワニがインドガビアルに近縁であると結論づけるのはまだ早いですが、意外な共通点です。後の研究で、この特徴はマチカネワニとインドガビアルが別々に独自に進化させた収斂といわれるものであるとわかりました。

　腸骨の下半分はへこみがあり、ここに大腿骨がはまります。恥骨と座骨のかたちは非常に似ています。マチカネワニの発見の後、骨格の復元がされましたが、おそらくこの時は、座骨を恥骨の位置につけ間違えられていました。両方ともしゃもじのようなかたちをしており、注意深く観察しても間違えるほど似ています。実際に腸骨につなげてみると、恥骨と思われていた骨が、座骨の位置に見事にはまり、この骨が座骨であることが確認されました。

　前肢は、左側の骨が発見されていますが、その一方で後肢は右側からのものが発見されています。これは単なる偶然だと思いますが、何らかの理由で右前肢と左後肢が保存されなかったのか、単に発見できなかっただけなのかもしれません。保存されている後肢は、大腿骨、脛骨、腓骨、距骨、踵骨、中足骨、そして肢骨です（p.49）。

　大腿骨は、非常に大きな骨のはずですが、マチカネワニはほんの一部しか残っていません。ちょうど、骨盤につながる部分しか残っていないのです。太さから計算すると約45cmの長さがあったと推測されます。脛骨と腓骨には、非常に面白い

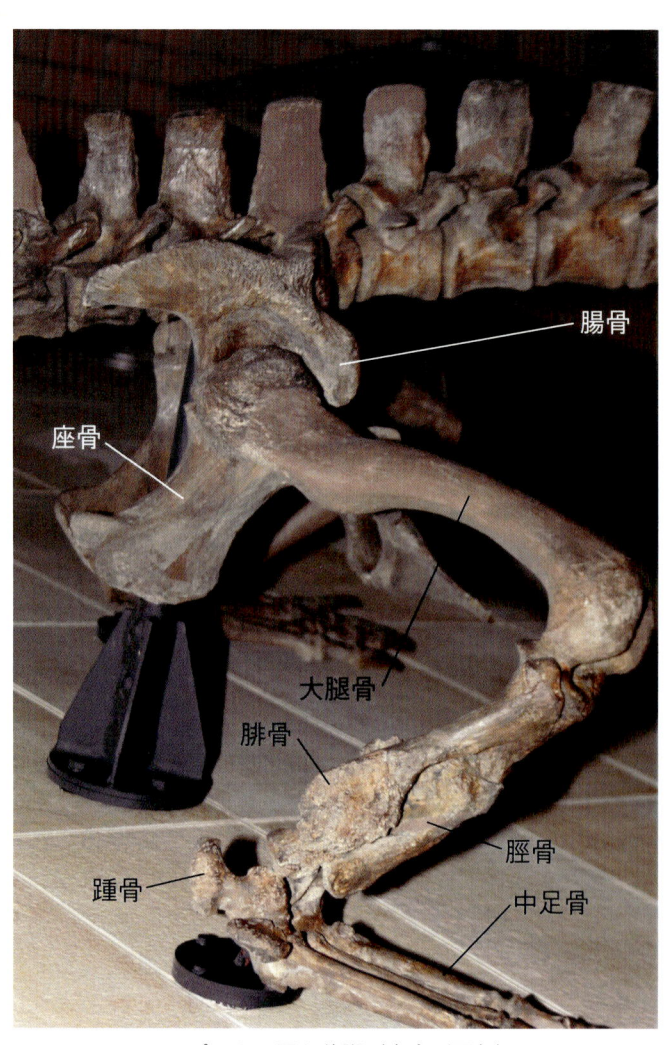

レプリカの腰と後脚（右方が頭部）

痕が残っています。骨折し、治癒した痕が残っているのです。これについては、「マチカネワニの怪我」の章であらためて紹介します。骨の特徴として、腓骨は脛骨よりもずっと細い骨です。距骨と踵骨は、足首にあたる骨で、足の動きにとって重要な骨です。中足骨は、5本あるのですが、マチカネワニでは1本欠けています。5番目の中足骨以外は、すべて長細く、5番目のものは四角です。ワニの指は、4本しかありません。5番目の中足骨は残っているものの、指そのものは進化過程でなくなってしまいました。そのため、これだけ他とは違うかたちをしているのです。足の指（肢骨）は数本しか発見されていません。

(p.48本文参照)

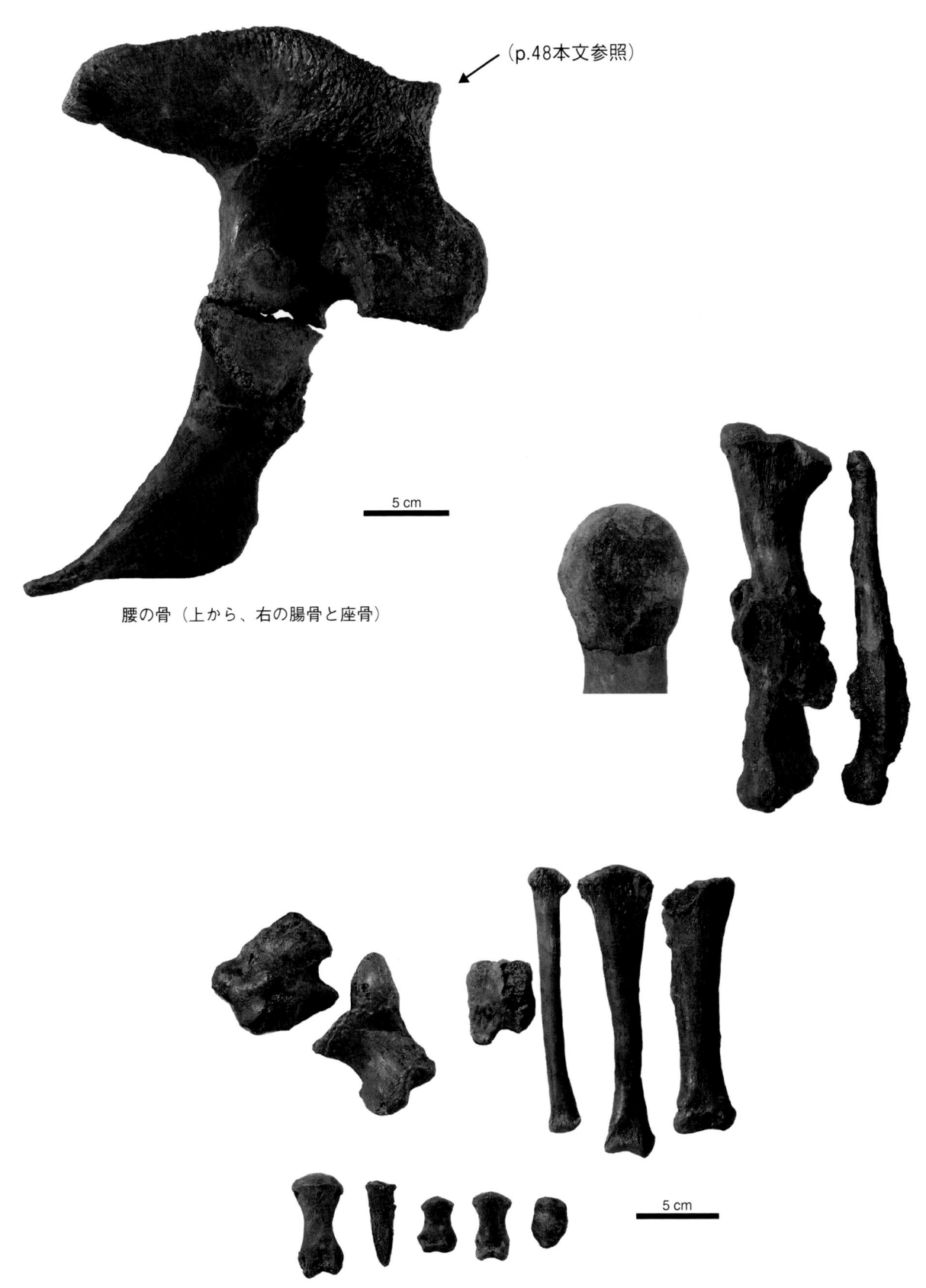

5 cm

腰の骨(上から、右の腸骨と座骨)

5 cm

腰と後ろ足(右上段は左から大腿骨、脛骨、腓骨;中段は左から距骨、踵骨、第五中足骨、第四中足骨、第三中足骨、第一中足骨;下段は肢骨。

"世界で一つ"マチカネワニ、タイプ標本の展示

大阪大学総合学術博物館 待兼山修学館

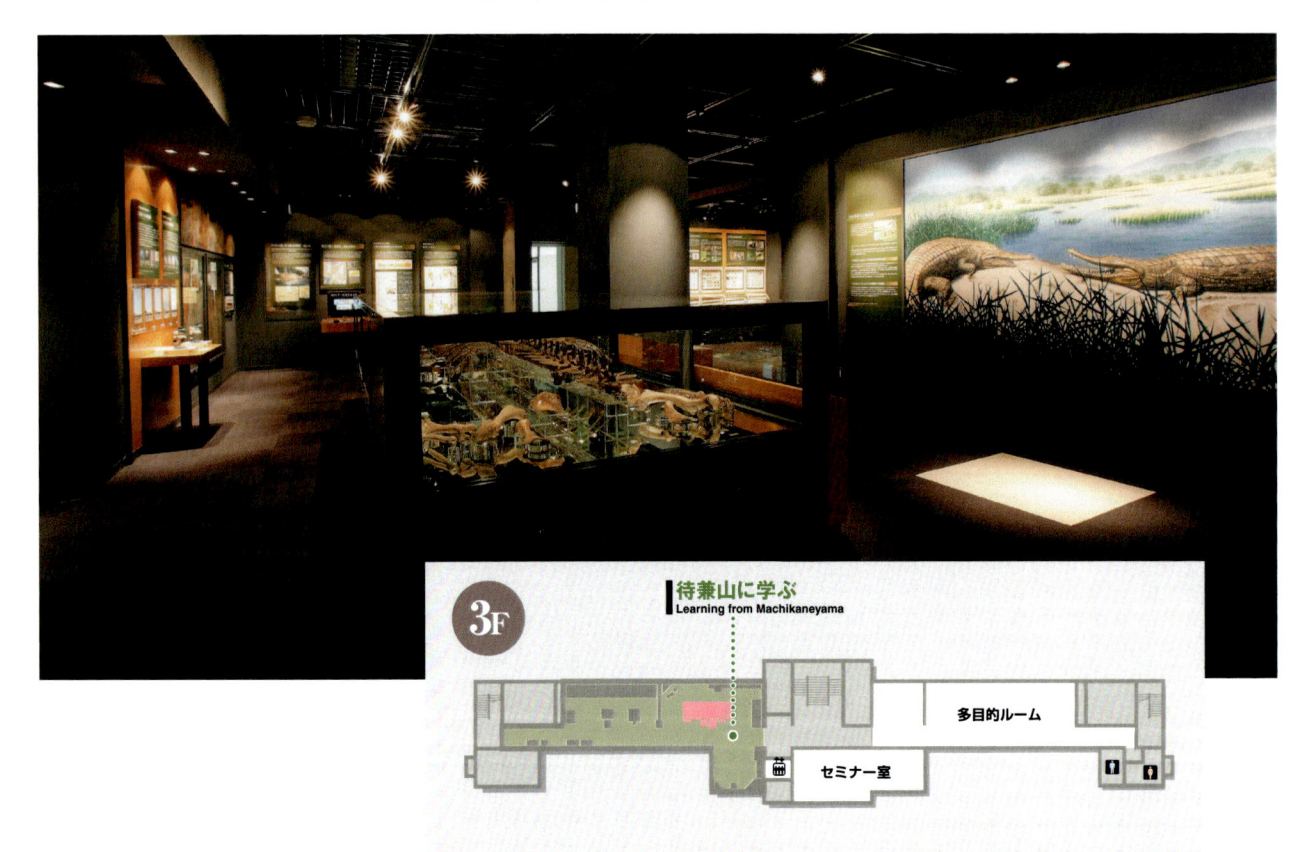

マチカネワニ展示室平面図

平面図の緑色の部分が展示スペース「待兼山に学ぶ」。その中のピンク色の部分にマチカネワニの化石骨（タイプ標本）が常設展示されている。（待兼山修学館 〒560-0043 大阪府豊中市待兼山町1-20 TEL：06-6850-6284）

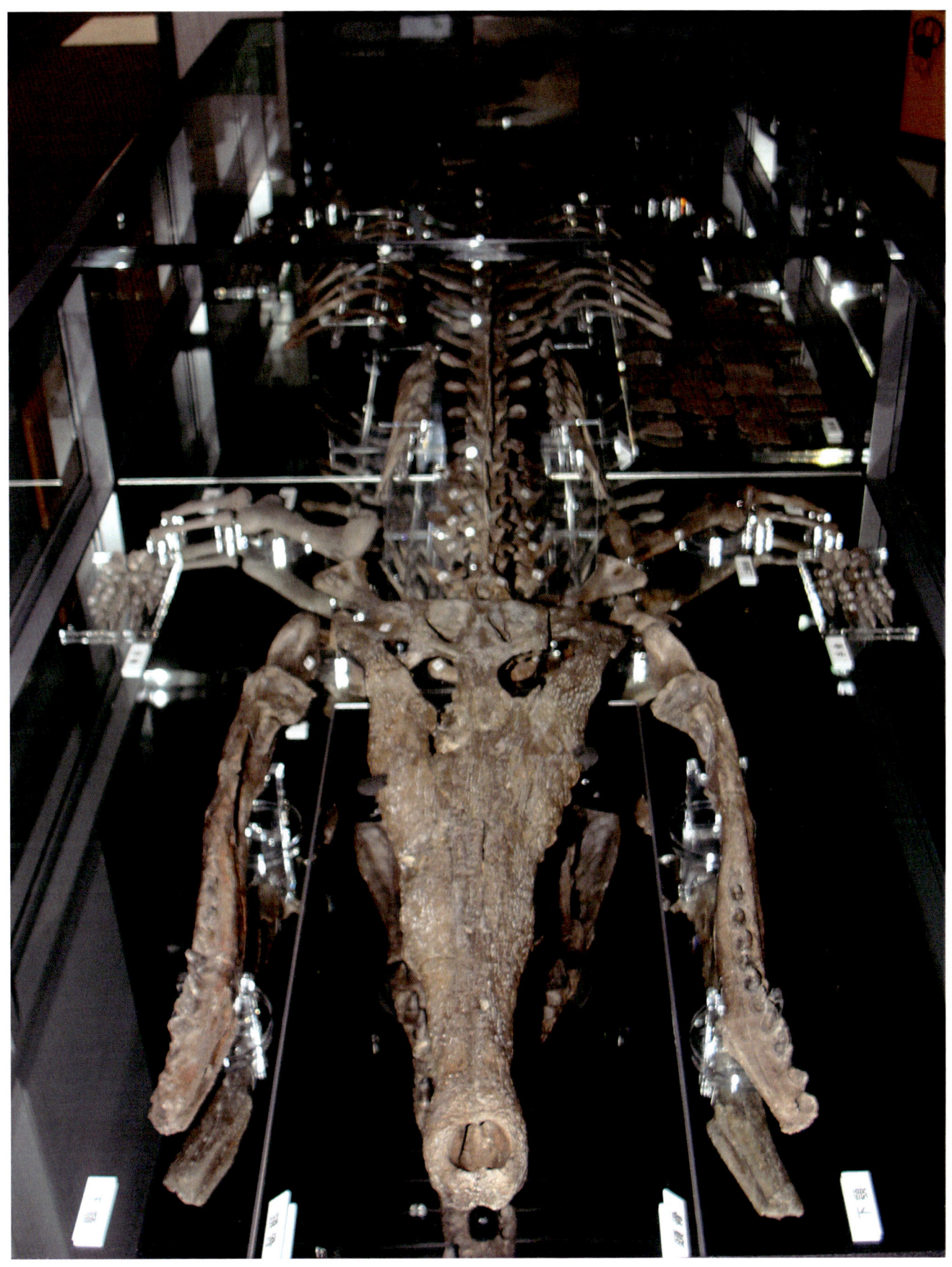

前方上から見た化石骨

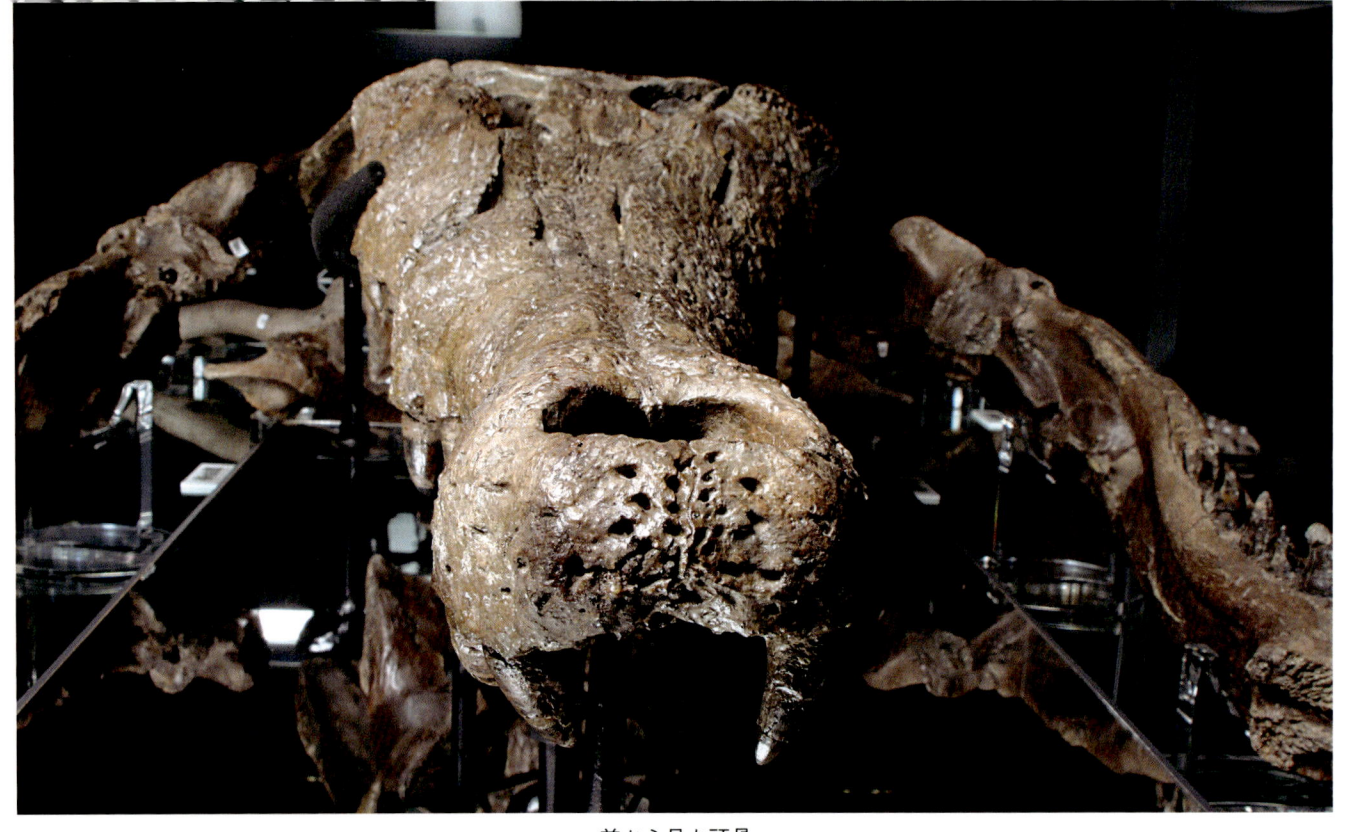

前から見た頭骨

斜め上方から見た頭骨

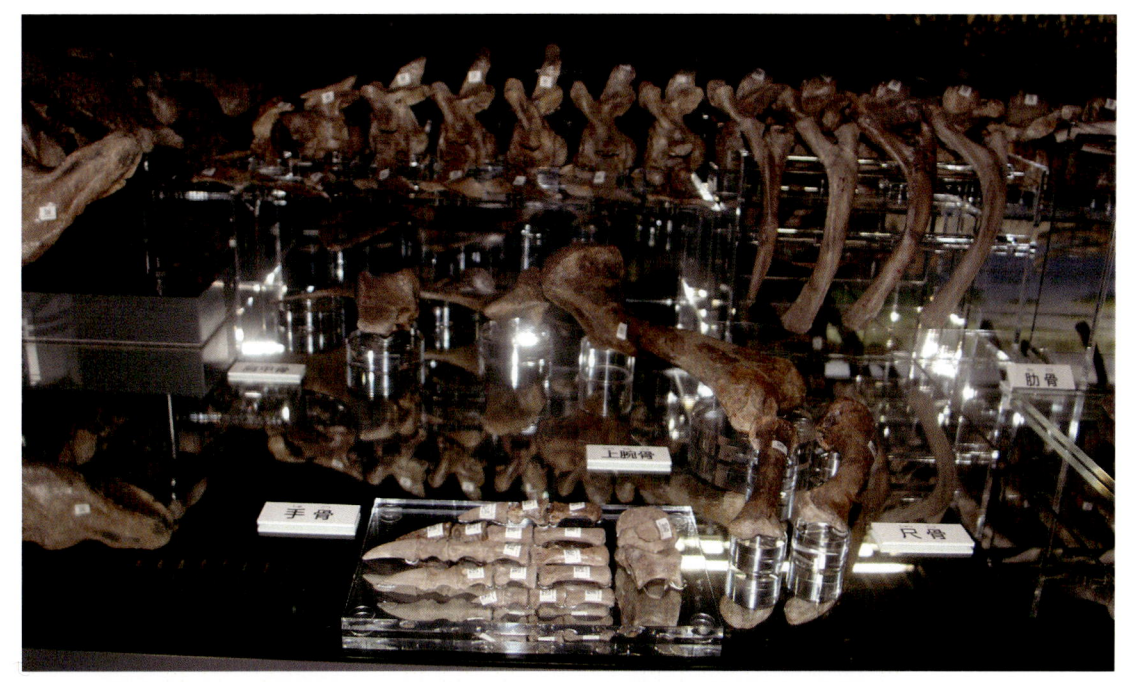

左前脚

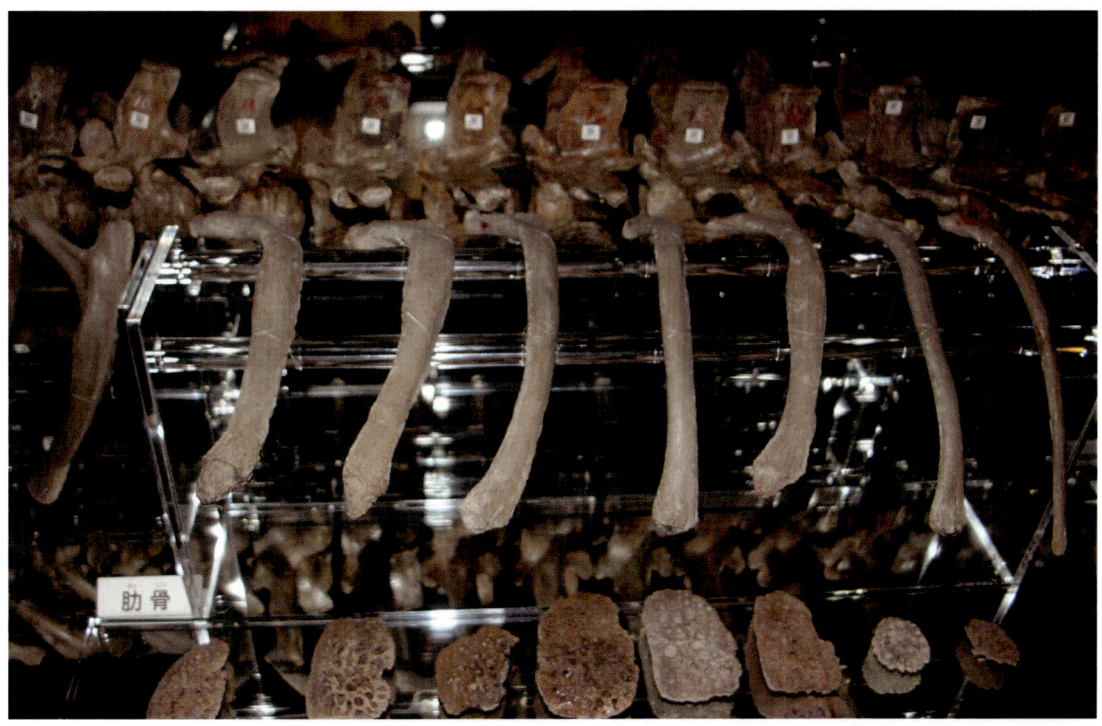

胴の部分

左前脚

ワニたちの関係―系統解析―

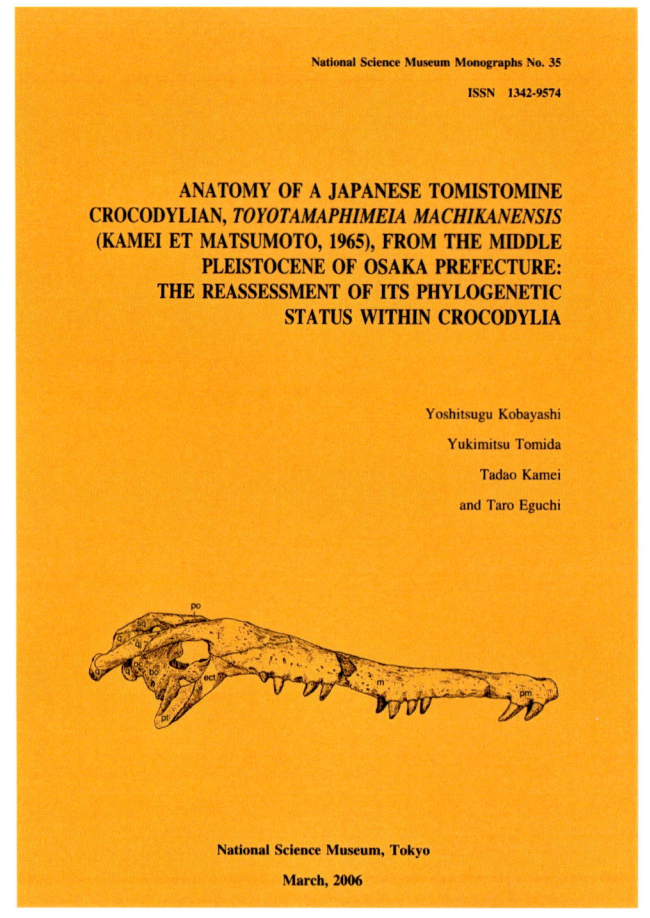

大阪大学・北海道大学・国立科学博物館の共同研究プロジェクトで小林らによって出版されたマチカネワニの再研究論文の表紙

　現在生きているワニは、アリゲーター科、クロコダイル科、インドガビアル科の三科に分けられると前述しました。ワニたちの遺伝的な関係は、系統解析という手法を使って議論することができます。現在生きているワニですので、その関係はもうすでに解明されていると思われるかもしれませんが、実のところ、今でもちゃんと解明はされていません。1980年代に入って、遺伝子を使ったワニの研究が行われるようになりました。その結果、それ以前に化石を使った研究結果と異なった意見が出てきたのです。遺伝子の方が、情報量の多さは勝っています。一方で、化石種は不完全な骨格標本を使われている場合が多いのです。それだけを考えると、遺伝子を使った研究の方が優れていると考えられるかもしれませんが、このように骨などの形質を使った研究と遺伝子を使った研究が一致しないことはよくあります。化石からの遺伝子抽出はきわめてむずかしく、このような不一致は、お互いの刺激になり、研究の促進につながっています。

　では、骨の形質と遺伝子の解析によって、ワニの関係はどのように解釈が同じまたは異なっているのでしょうか。どちらの研究にも支持されているのは、アリゲーター科が単系統であるということです。つまり、アリゲーター科に含まれる4属（アリゲーター属、カイマン属、ムカシカイマン属、クロカイマン属）は、近縁であるということです。また、その中でも、カイマン属、ムカシカイマン

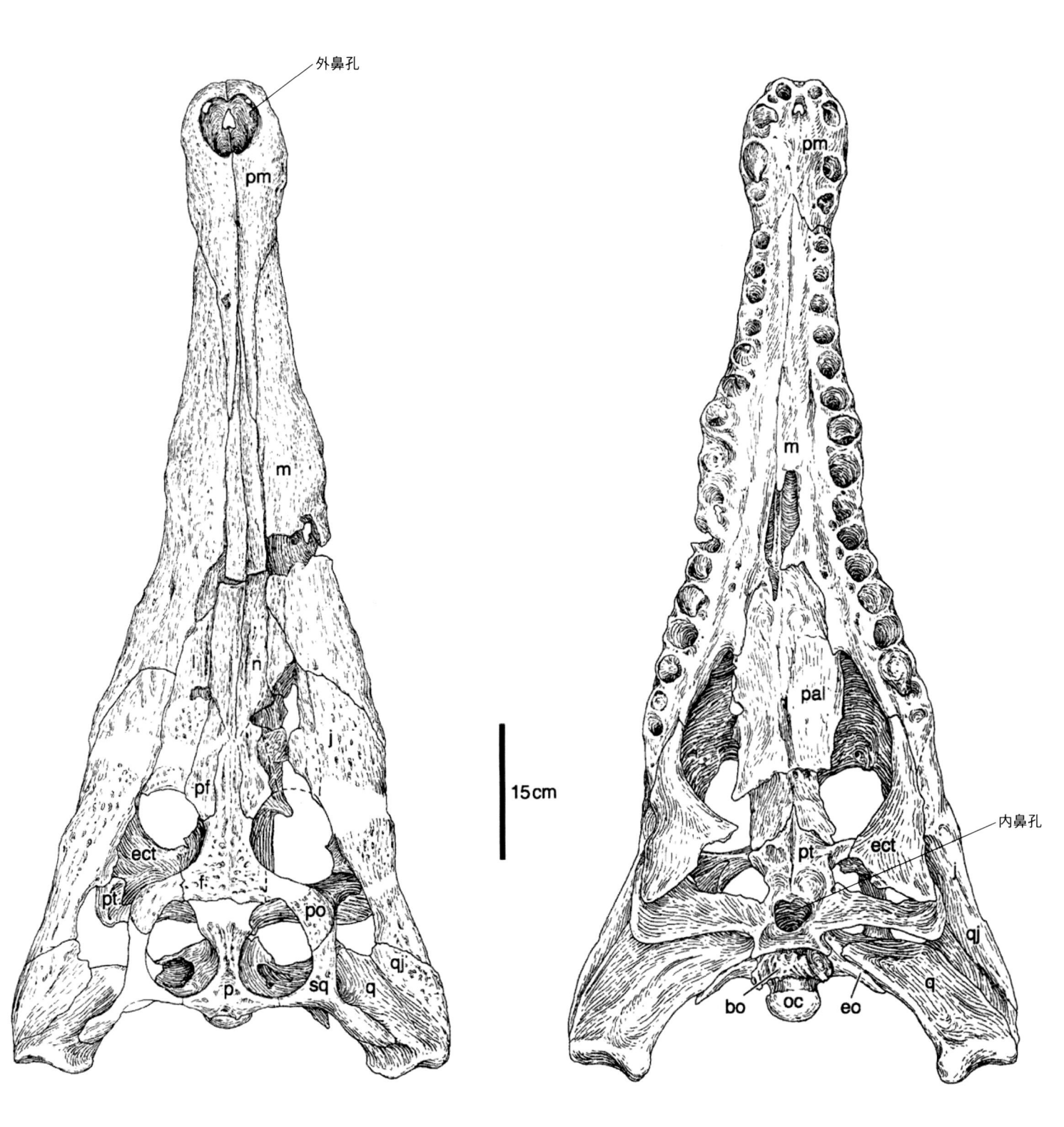

論文用に描かれたマチカネワニの頭骨の図

bo, 底後頭骨；ect, 外翼状骨；eo, 外後頭骨；f, 前頭骨；j, 頬骨；l, 涙骨；m, 上顎骨；n, 鼻骨；oc, 後頭顆；p, 頭頂骨；pal, 口蓋骨；pf, 後前頭骨；pm, 前上顎骨；po, 後眼窩骨；pt, 翼状骨；q, 方形骨；qj, 方形頬骨；sq, 鱗状骨。

属、クロカイマン属はより近縁であるということも支持されています。次に、クロコダイル科の3属のうち、両方の研究からワニ属とコビトワニ属が近縁であると結論づけられています。これらのように、どの研究でも同じような結果が出ることもありますが、そればかりではありません。当然ながら、一致しないこともあります。その一番大きな問題になっているのは、クロコダイル科の残りの一属であるマレーガビアル属がどの科に属すかということです。この本では、マレーガビアル属が、クロコダイル科に属すように扱っていますが、実は、遺伝子の研究では、マレーガビアル属は、インドガビアル属に近縁であるという結果が出ているのです。この議論は、今でも結論がついていません。遺伝子の研究者は、より良い遺伝子の解析を進め、私のような化石を研究しているものは、化石をより細かく分析していきます。そのことによって、研究が進められより良い結果が出ると期待されます。

「研究史・発見と命名 (p.30)」で触れたように、小畠らによって最初に研究されたとき、頭骨の特徴からマチカネワニがマレーガビアル属に属すとされました。このことから、ワニ研究で最も大きい課題ともいえるマレーガビアル属の関係を知るためには、マチカネワニを研究することがどれだけ重要であるかを想像できると思います。そこで、大阪大学・北海道大学・国立科学博物館の研究チームは、マチカネワニの骨一つ一つを詳細に記載した後、そのデータを基にして系統解析を行いました。この解析は、関係を解明したいワニを対象に、骨の特徴を一つ一つ調べていきます。それを数字にコード化して統計ソフトで解析します。このことによって、主観性を少なくし、対象としているワニどうしを網羅的に比較することが可能になり、解析の再現が可能になります。この解析結果から、マチカネワニが他のワニとどのように似ており、違っているかを議論できるのです。

解析の結果として、以下の4つが挙げられます。

(1) マチカネワニはどのワニとも異なることが確認され、属（*Toyotamaphimeia*）が有効であること。
(2) マチカネワニがトミストマ亜科に属すこと。
(3) マチカネワニが進化型のトミストマ亜科であること。
(4) マチカネワニが現在生きている唯一のトミストマ亜科であるマレーガビアル *Tomistoma schlegelii* に最も近縁であること。

これまで、マチカネワニがどのワニとも異なる種であることは論じられ、反論はありませんでした。しかし、研究の歴史の中で小畠らは、マチカネワニの学名を *Tomistoma machikanense* とし、マレーガビアル属の新種であると結論づけました。また、その後の研究で青木は、マレーガビアル属とは異なり、新属であるとし、*Toyotamaphimeia machikanensis* と名付けました。そして先述の統計ソフトを使った系統解析によって、マチカネワニが他のワニとどのくらい違うのかを網羅的に見ることが可能になりました。つまり私たちの解析結果は、青木によって結論づけられた「マチカネワニはどの属とも異なる：結果(1)」ということと、小畠らが提唱した「マチカネワニはマレーガビアルに近縁（非常に良く似ている）：結果(4)」の両方の整合性をもつものとなったのです。

正顎類
Eusuchia

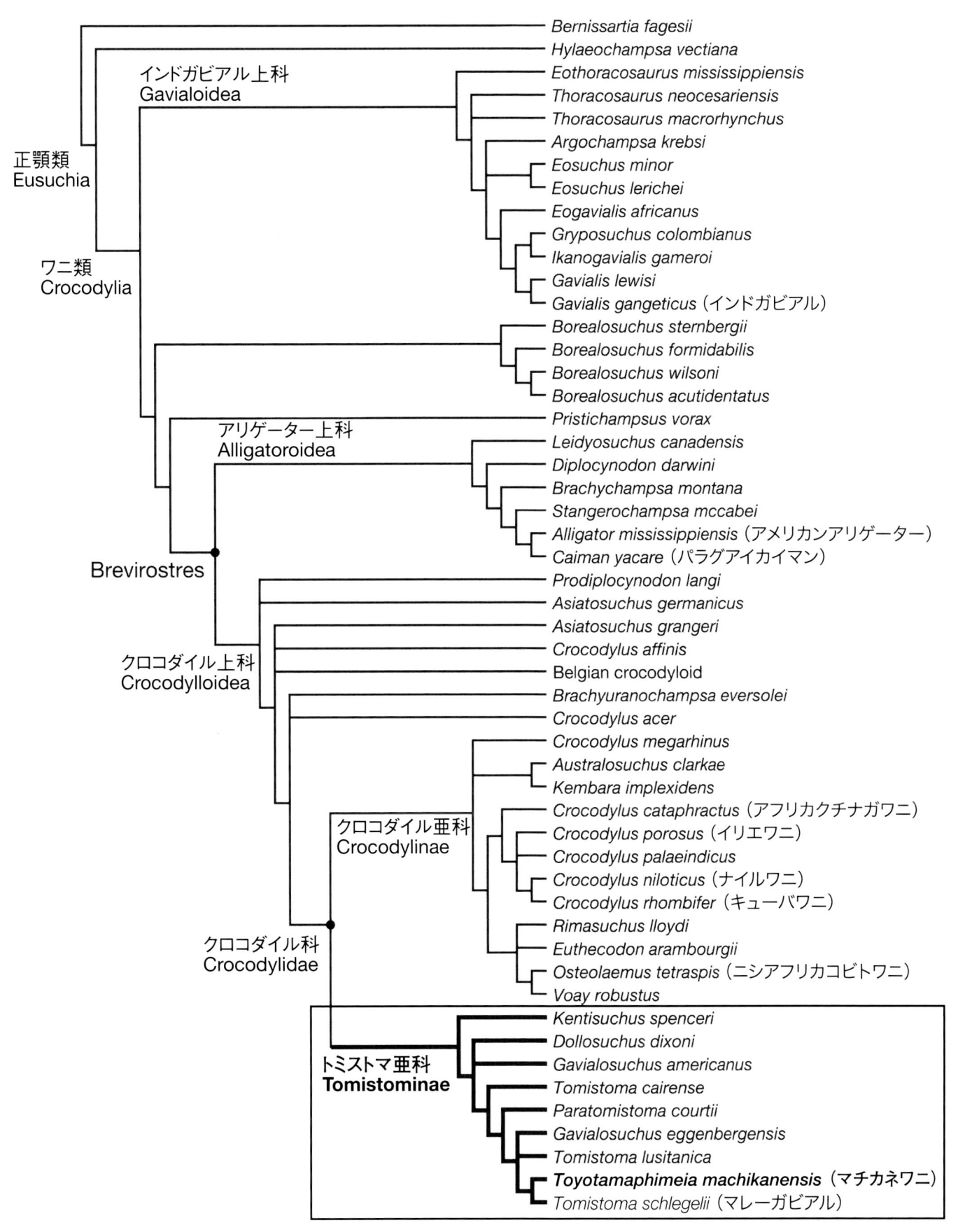

ワニ類
Crocodylia

インドガビアル上科
Gavialoidea

Brevirostres

アリゲーター上科
Alligatoroidea

クロコダイル上科
Crocodylloidea

クロコダイル亜科
Crocodylinae

クロコダイル科
Crocodylidae

トミストマ亜科
Tomistominae

- *Bernissartia fagesii*
- *Hylaeochampsa vectiana*
- *Eothoracosaurus mississippiensis*
- *Thoracosaurus neocesariensis*
- *Thoracosaurus macrorhynchus*
- *Argochampsa krebsi*
- *Eosuchus minor*
- *Eosuchus lerichei*
- *Eogavialis africanus*
- *Gryposuchus colombianus*
- *Ikanogavialis gameroi*
- *Gavialis lewisi*
- *Gavialis gangeticus*（インドガビアル）
- *Borealosuchus sternbergii*
- *Borealosuchus formidabilis*
- *Borealosuchus wilsoni*
- *Borealosuchus acutidentatus*
- *Pristichampsus vorax*
- *Leidyosuchus canadensis*
- *Diplocynodon darwini*
- *Brachychampsa montana*
- *Stangerochampsa mccabei*
- *Alligator mississippiensis*（アメリカンアリゲーター）
- *Caiman yacare*（パラグアイカイマン）
- *Prodiplocynodon langi*
- *Asiatosuchus germanicus*
- *Asiatosuchus grangeri*
- *Crocodylus affinis*
- Belgian crocodyloid
- *Brachyuranochampsa eversolei*
- *Crocodylus acer*
- *Crocodylus megarhinus*
- *Australosuchus clarkae*
- *Kembara implexidens*
- *Crocodylus cataphractus*（アフリカクチナガワニ）
- *Crocodylus porosus*（イリエワニ）
- *Crocodylus palaeindicus*
- *Crocodylus niloticus*（ナイルワニ）
- *Crocodylus rhombifer*（キューバワニ）
- *Rimasuchus lloydi*
- *Euthecodon arambourgii*
- *Osteolaemus tetraspis*（ニシアフリカコビトワニ）
- *Voay robustus*
- *Kentisuchus spenceri*
- *Dollosuchus dixoni*
- *Gavialosuchus americanus*
- *Tomistoma cairense*
- *Paratomistoma courtii*
- *Gavialosuchus eggenbergensis*
- *Tomistoma lusitanica*
- ***Toyotamaphimeia machikanensis***（マチカネワニ）
- *Tomistoma schlegelii*（マレーガビアル）

マチカネワニの再研究によって得られた系統樹。最下部囲みの中がトミストマ亜科。

マチカネワニはどこからきたのか？

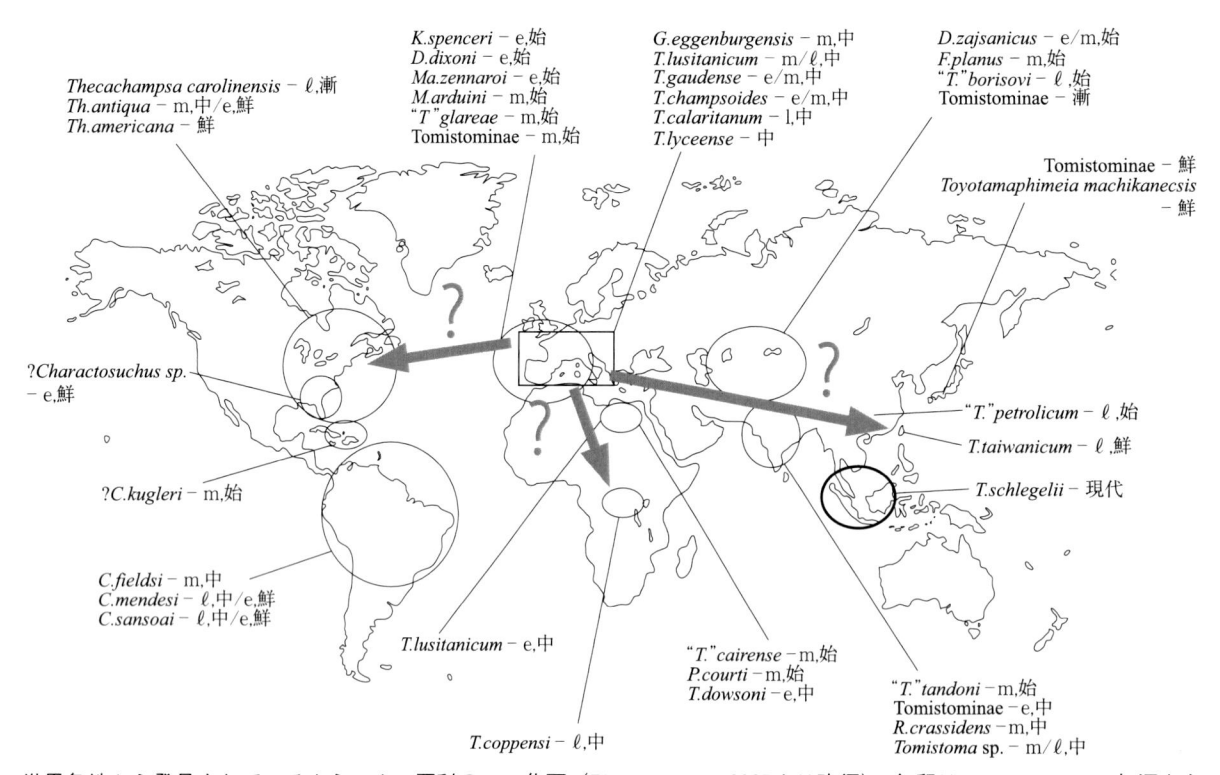

Thecachampsa carolinensis – ℓ,漸
Th.antiqua – m,中/e,鮮
Th.americana – 鮮

K.spenceri – e,始
D.dixoni – e,始
Ma.zennaroi – e,始
M.arduini – m,始
"T."glareae – m,始
Tomistominae – m,始

G.eggenburgensis – m,中
T.lusitanicum – m/ℓ,中
T.gaudense – e/m,中
T.champsoides – e/m,中
T.calaritanum – l,中
T.lyceense – 中

D.zajsanicus – e/m,始
F.planus – m,始
"T."borisovi – ℓ,始
Tomistominae – 漸

Tomistominae – 鮮
Toyotamaphimeia machikanecsis – 鮮

?*Charactosuchus sp.* – e,鮮

"T."petrolicum – ℓ,始
T.taiwanicum – ℓ,鮮
T.schlegelii – 現代

?*C.kugleri* – m,始

C.fieldsi – m,中
C.mendesi – ℓ,中/e,鮮
C.sansoai – ℓ,中/e,鮮

T.lusitanicum – e,中

"T."cairense – m,始
P.courti – m,始
T.dowsoni – e,中

"T."tandoni – m,始
Tomistominae – e,中
R.crassidens – m,中
Tomistoma sp. – m/ℓ,中

T.coppensi – ℓ,中

世界各地から発見されているトミストマ亜科のワニ化石（Piras *et al*., 2007より改編）。矢印は、ヨーロッパに起源をもつトミストマ亜科のワニが、北アメリカへ、アフリカへ、そしてアジアへ移動した可能性のある経路を示している。e：前期、m：中期、ℓ：後期。鮮：鮮新世、中：中鮮世、漸：漸新世、始：始新世。

　マチカネワニはどこからきたのでしょうか？日本で誕生し絶滅していったワニなのでしょうか？　マチカネワニそのものがどこからきたのかを追求するのは、現時点では無理です。ただ、マチカネワニの仲間たちがどこからやってきたのか、最終的にマチカネワニとして日本にやってきたのかという問いであれば、答えることが可能です。この場合のマチカネワニの仲間というのが、系統解析でも述べた「トミストマ亜科」のワニとなります。現在生きているトミストマ亜科は、東南アジアに棲んでいるマレーガビアルです。「マチカネワニがどこからきたのか？」と問うのと同じように、ワニの研究者は、いつごろ、どこからマレーガビアルはやってきたのか？ということを探るのに必死です。なぜこのような問いが研究対象になるかというと、マレーガビアルは現在東南アジアにしか棲んでおらず、また、他のワニとどのような関係にあるかわからないため、祖先をたどることもできないのです。そこで、重要になってくるのが化石を研究することであり、絶滅した祖先をたどることが可能となるのです。系統解析から得られる系統樹は、家系図のようなものですから、祖先をたどることになります。その祖先である絶滅種の発見地と時代を比較することで、いつ頃どこでマチカネワニやマレーガビアルの仲間（トミストマ亜科）が誕生し、どのようにして分布し移動したかをたどることができます。

　原始的なトミストマ亜科（ケンティスクス *Kentisuchus* やドロスクス *Dollosuchus*）は、少なくとも5,700万年ほど前にはヨーロッパに棲んでいました。つまり、マチカネワニの仲間は、ヨーロッパに起源があることになります。その後、ガビアロスクス *Gavialosuchus* は北アメリカに渡り、4,500万年ほど前にはトミストマ・カイレンセ *Tomis-*

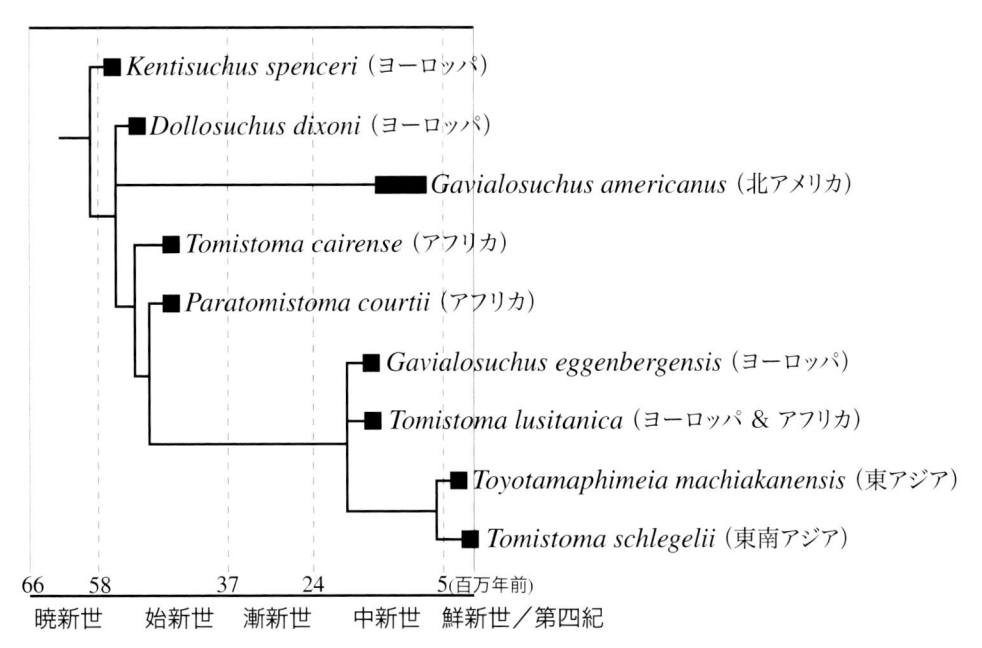

```
                    ┌─■ Kentisuchus spenceri (ヨーロッパ)
                  ┌─┤
                  │ └─■ Dollosuchus dixoni (ヨーロッパ)
                ┌─┤
                │ └────────────■ Gavialosuchus americanus (北アメリカ)
                │   ┌─■ Tomistoma cairense (アフリカ)
                └───┤
                    │ ┌─■ Paratomistoma courtii (アフリカ)
                    └─┤
                      │ ┌─■ Gavialosuchus eggenbergensis (ヨーロッパ)
                      └─┤
                        │ ■ Tomistoma lusitanica (ヨーロッパ & アフリカ)
                        └─┤
                          │ ■ Toyotamaphimeia machikanensis (東アジア)
                          └─┤
                            ■ Tomistoma schlegelii (東南アジア)
  66  58         37     24         5 (百万年前)
  暁新世  始新世  漸新世  中新世  鮮新世／第四紀
```

時間を入れたトミストマ亜科の系統樹。横軸が時間で数字は百万年単位。*Toyotamaphimeia machikanensis* がマチカネワニで *Tomistoma schlegelii* がマレーガビアル。（　）内は化石が発見された地域。

toma cairense やパラトミストマ *Paratomistoma* が、アフリカへと移動していったのです。ここで大きな問題が１つあります。ヨーロッパのトミストマ亜科のワニが、ヨーロッパから北アメリカに移動したとして、もしこの仮説が正しければ、大西洋を渡って行かなければいけません。現在生きているマレーガビアルは、淡水棲です。海水では生活できません。現在の考えでは、昔のトミストマ亜科は海水に棲んでいたものもいたと考えられています。それは、いくつかの化石は、海の堆積物から発見されているからです。

　では、いつ頃トミストマ亜科のワニが、アジアへそして日本へ入ってきたのでしょうか。少なくとも40万年前には、アジアにトミストマ亜科が進出してきたことはマチカネワニの発見からわかっています。実は、それよりも前にアジアにトミストマ亜科がいた可能性があるのです。中国やロシアのさらに古い地層からトミストマ亜科の化石が見つかっているからです。その時代は、4,000万年前よりも前の地層で、マチカネワニの40万年前とは比べものにならないくらい古いのです。タイミングでいうと、アフリカに進出していった時代にはすでにアジアにも移動していたことになります。中国のワニ化石の研究はあまり進んでおらず、これまでのマチカネワニのように全貌がよくわかっていません。しかし、これらの化石記録から、マチカネワニが日本に生息するずっと以前にトミストマ亜科のワニたちがヨーロッパ大陸からアジアに移動していた可能性が考えられ、今後の研究が待たれます。

マチカネワニに現在最も近いワニ
―マレーガビアル―

マレーガビアル *Tomistoma schlegelii* の頭

　マレーガビアルという名前は和名（日本語での名前）で、正式な学名（世界共通の名前）はトミストマ・スクレゲリ *Tomistoma schlegelli* といいます。この名前の *Tomistoma* は属（種で構成されるグループ）の名前で、日本ではマレーガビアル属と呼びます。マレーガビアル属は、*Tomistoma schlegelli* しか現在生息していません。名前の通り、マレー半島付近に棲んでおり、マレーシア、インドネシア、タイ南部に分布しています。属名の *Tomistoma* は、ギリシャ語の "*tomos*" と "*stoma*" から構成されています。"*tomos*" は「鋭い」、"*stoma*" は「口」という意味で、両方あわせて「鋭い口」を意味します。種名の "*schlegelii*" はオランダの動物学者のスクレゲル（H. Schlegel）をもとに命名されたものです。名前の通り、細長い口が特徴的で、焦げ茶や茶色をしており、体には黒い模様がついています。大きいものでは5mに達します。また、マレーガビアルは容姿がインドガビアルに似ていることからガビアルモドキとも呼ばれています。淡水に棲んでおり、湖、河や湿地帯に生息しています。鼻先が長いため、水の抵抗が少なく魚を捕って食べますが、実際には魚以外の、昆虫、甲殻類、小型哺乳類なども食べます。メスワニは、2.5mほどで性的成熟を迎え、10cmほどの大きさの卵を20から60個ほど産みます。90日ほどで卵は孵りますが、親ワニは面倒を見ないためそのほとんどは他の動物の餌食になってしまいます。生態の研究はあまり進んでおらず、現在も絶滅が進んでいます。絶滅危惧動物のレッドリストに載っています。

　先に記したように、マレーガビアルがどのグループに属すのかはまだ議論があり、化石や骨の研究では、クロコダイル科に入れていますが、遺伝子の研究では、インドガビアル属と近縁とされ、いまだ議論が続いています。マレーガビアルは、一属一種のみしか知られていないことと、どのグループに属すワニかも判明していないため、このワニがどのように進化してどのようにして東南アジアにやってきたのか議論になっており、非常に興味深いことです。

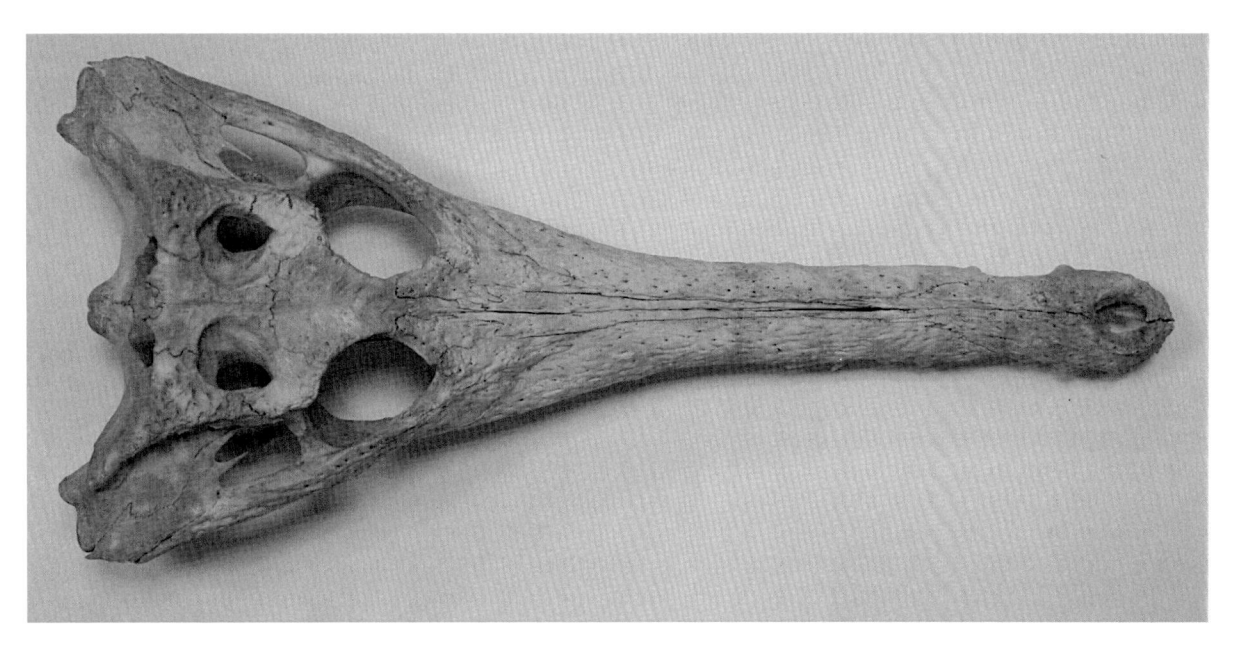

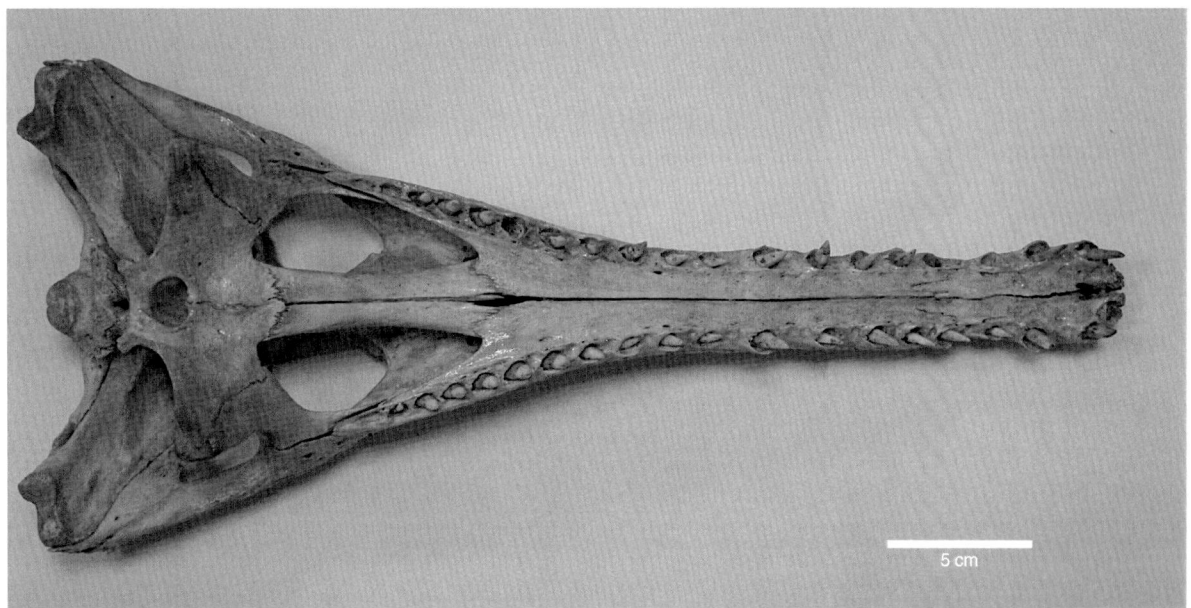

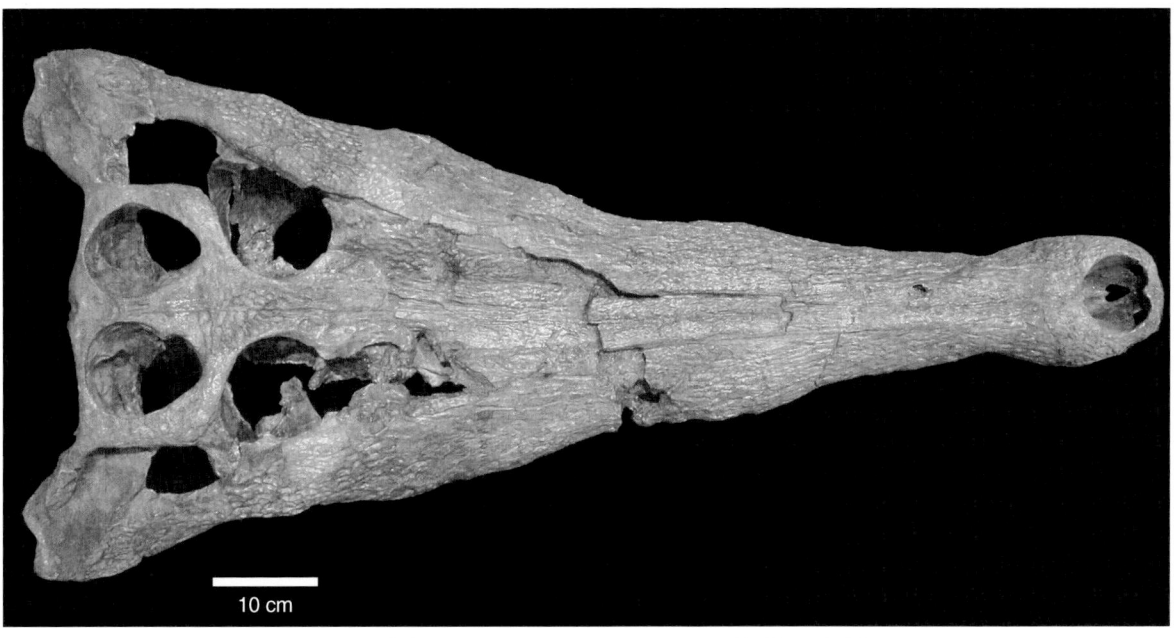

マレーガビアル *Tomistoma schlegelii* の頭骨（上、中央）
マチカネワニ *Toyotamaphimeia machikanensis* の上から見た頭骨（下）

マチカネワニの棲んでいた環境

新しく復元されたマチカネワニとその取り巻く環境

　マチカネワニが生息していた環境は、現在生息しているワニ類とは多少異なっていた可能性があります。ワニはクロコダイル科、アリゲーター科、インドガビアル科と、大きく3つのグループに分けられ、そのほとんどが熱帯や亜熱帯の地域にすんでいます。しかし、マチカネワニの発掘された同じ地層から発見された花粉化石の分析によると、当時の気候はもっと涼しい温帯型の気候であったと考えられています。熱帯や亜熱帯というよりも、現在の大阪の気候とさほど変わらなかったのです。マチカネワニの発掘された地層やその相当層からは、植物・貝化石やゾウの仲間（トウヨウゾウ Stegodon orientalis）が発見されています。マチカネワニがいったい何を食べていたのかはよくわかっていませんが、同じ層準から発見されている植物化石や無脊椎動物化石などを分析することによって当時の環境を伺うことができるのです。

　ワニは、鳥類や哺乳類と異なり、変温動物（外温動物）です。周りの温度変化に左右され、体温が上がったり下がったりします。また、消化や筋肉の動きによって生じた熱も彼らにとっては貴重な熱源となります。しかし、逆にいうと、暑い状況ではこれらの熱も彼らの体温上昇につながり、生活の妨げになります。つまり、最も適した体温を維持するという面では、鳥類や哺乳類よりは劣っているのです。現在生きているワニは、北緯35度以南、南緯33度以北の赤道近くに棲んでいます。多くのワニは、0℃以下の環境にさらされると短い時間で死んでしまいます。30℃以下の体温になると、消化や感覚器官が動かなくなり、死に至ります。気温が5℃になると、ほとんどのワニが死んでしまいますが、中には寒さに強いワニがいます。アメリカンアリゲーターやヨウスコウアリゲーターは寒さに比較的に強く、5℃まで気温が下がっても死なずにいることがあります。氷が張るようなときでも、体を水の中に沈め、呼吸のために鼻先だけ出して乗り越えることがあります。マチカネワニも、これらのワニのように寒さに強いワニだったのかも知れません。当時の気候が今と変わらなかったとすれば、もしマチカネワニが絶滅しないで生き残っていれば、今の近畿地方のどこかに棲んでいてもおかしくないということなのでしょうか。

マチカネワニの怪我

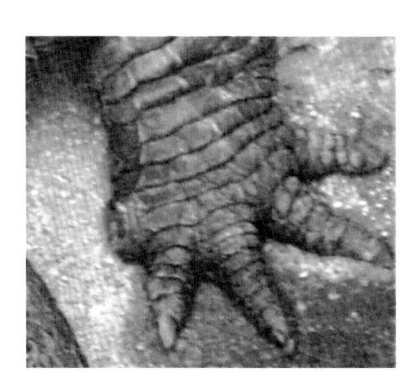

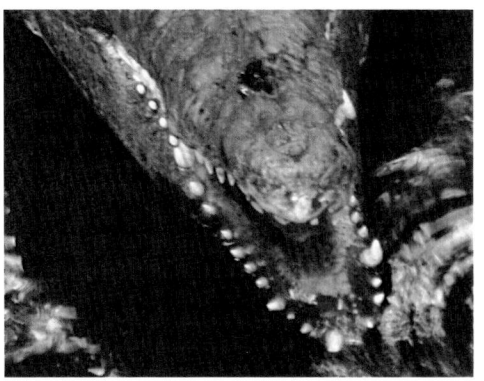

怪我をしているニューギニアワニ Crocodylus novaeguineae。あごが少し欠けているのと、前肢の指が何本かない。治癒した痕が伺える。右側の写真はそれらの部分の拡大。

「病理学」という学問がありますが、これは病気の原因を診断をするものです。細胞、組織、臓器等が、病気におかされたときにどのように変化をしていくかを研究する医学の1つの分野ですが、化石にもこの知識が応用され「古病理学」として学問が存在します。最近では、恐竜等の化石から血管や細胞らしきものを取り出すことができたと発表されているケースもありますが、基本的には化石には臓器等の軟組織が残ることはほとんどありません。したがって、古病理学は、化石として残った骨を観察することによって、その動物がどのような怪我や病気を経ていったかを調べます。この学問からは、その動物がどのような病気にかかっていたのか、またどのような行動によって怪我をすることになったのかというように、生態の復元が可能になってきます。

ワニは、その大きさと強さから、水辺の王様といえるかもしれませんが、自然界での生存率はそれほど高くはありません。生まれた卵の6割から7割は、孵る前に死んでしまいます。増水によって卵が水に浸されたり、温度が高すぎたり低すぎたり、他の動物に襲われてふ化しない卵がたくさんあるのです。仮に、卵から孵っても、大人になるまで生き延びる確率は1％にも及びません。孵ったばかりのワニは、魚や鳥に食べられてしまうことが多く、最初の年で半分に減ってしまいます。そして、2年目からは、体の大きなワニの餌食となることが多いのです。そして、その後病気や環境の変動による死も多いのですが、それと同じくらいに、縄張り争いによる戦いによって死に至るワニがいます。多くのワニにはその争った痕が残っており、指がもげていたり、顎の一部が欠けているワニがみられます。これは、ワニたちが生き延びるために、生きている環境におけるワニの密度を調整したり、交配者を争うために行われる行為です。これらの行為の証拠は、絶滅したワニにも、「病理」として観察でき、どのような行動をとっていたか考察ができます。

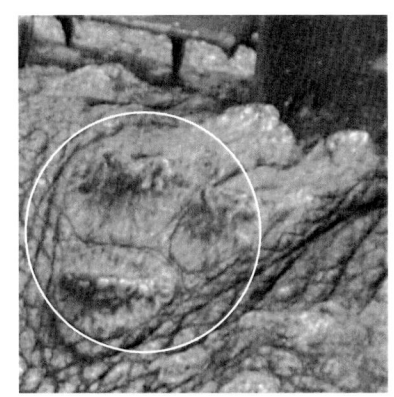

怪我をしているシャムワニ Crocodylus siamensis。指がもげたばかりで痛々しい。背中の鱗板骨の付近も擦り切れたような軽い怪我がある。右側の写真はそれらの拡大（丸囲内が怪我）。

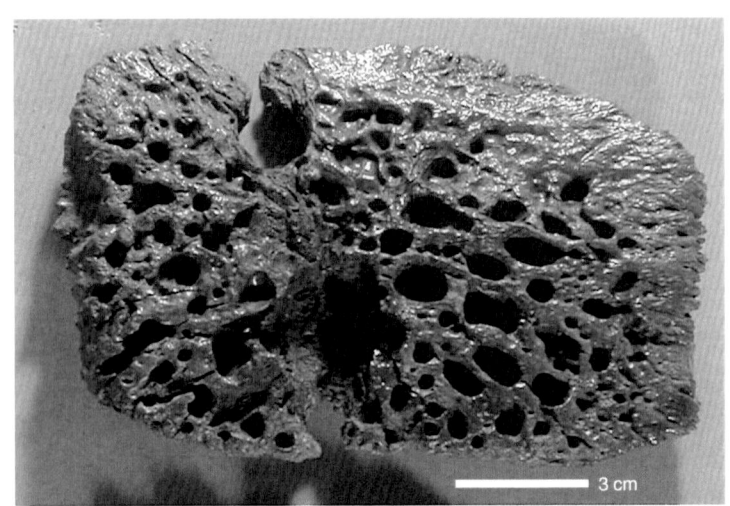

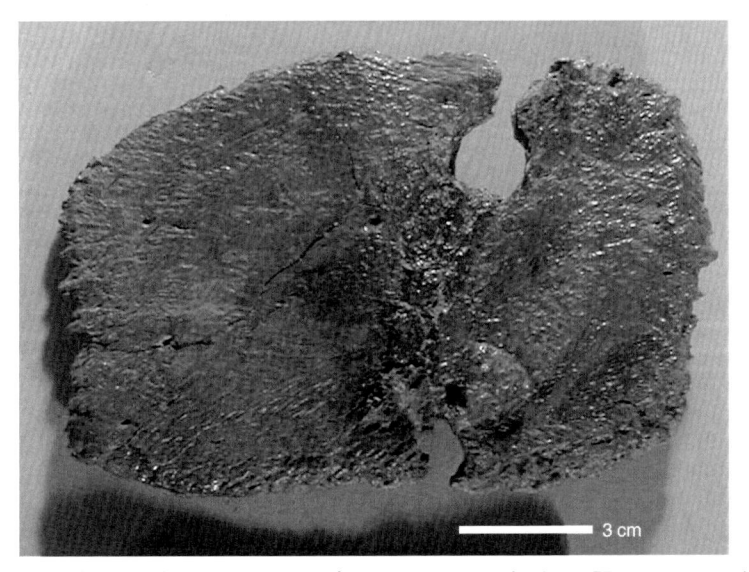

マチカネワニの鱗板骨を表から見たものと裏から見たもの。穴が2つ開いているのがわかる。

マレーガビアル Tomistoma shclegelii の頭。マチカネワニと同じように、下あごの大部分が欠損し、治癒しているのがわかる。

　マチカネワニの骨格を詳しく見ると、怪我の痕があることがわかります。怪我をしていたことは、発見当初から指摘されていたことでしたが、のちに桂 嘉志浩らによって、詳細に研究され、マチカネワニの怪我について明らかにされました。確認されている怪我の箇所は、下あご、後肢、鱗板骨の3カ所あります。

　下あごは、全体の3分の1ほど前の部分が大きく欠けています（p.36参照）。これは、マチカネワニが死んだ後に、何らかの理由で欠けてなくなったものではありません。折れた下あごの表面を見ると治癒した後があり、まだ生きている間に下あごが、もげてなくなったことがわかります。あごがもげても生きていけるのでしょうか？このような大けがし、争いに重要な"武器"であるあごを無くしてしまうことは、大きな痛手となります。ただ、生活していくという意味では、私たち人間を含む哺乳類とは違い、代謝が低く、そんなに頻繁に食べなくてもある程度は生活できる、また獲物を食べる時もそれほどあごの動きに頼らなくても良いということから、生活ができるのです。さらに、ワニは水辺の環境では食物連鎖の頂点に立ち、マチカネワニは巨大であることから、傷を負ったマチカネワニを襲う他の動物もいなかったことでしょう。実際に、熱川バナナワニ園でワニを観察すると、怪我をしているワニを見ることができます。マチカネワニの仲間である上の写真のマレーガビアルも、マチカネワニと同じように下あごを欠損していますが生きているのです。

　次に、後肢のすねの骨である脛骨と腓骨には、骨折の痕が残っています（p.66参照）。脛骨は、ほぼ真ん中の位置で折れており、腓骨は少し下側の部分が折れ、そしてそれぞれ治癒した痕があります。脛骨と腓骨を並べると、その折れた痕が一直線に並び、骨折は一度に起こったと考えられます。骨折箇所は、仮骨というものが形成され癒着しています。下あごと同じように、この骨折は、生きているあいだに起こり、この骨折がワニを死に至らせることはなかったのです。マチカネワニも、他のワニのように半水棲の生活をしていたことから、水に入ることで骨折した足でも重力に耐えることができたのでしょう。

　最後に、1枚の鱗板骨に丸い穴が2つあいています（p.64下図）。直径3cmほどの大きめのものと、2cmほどの小さめのものが残っています。穴を中心に放射状に亀裂が走っていて、さらにこれら2つの穴によって鱗板骨はまっぷたつに破壊されています。これらの穴は、噛まれた痕と考えられています。

　大阪大学から発見されたマチカネワニも、現代のワニのように、縄張り争いや、交配相手を奪い合うために戦っていたことが窺えます。今のところ、マチカネワニの骨格化石は、大阪大学の標本でしか確認されていませんが、50万年ほど前の大阪近辺には、マチカネワニがウヨウヨし、争いが繰り広げられていたのかもしれません。

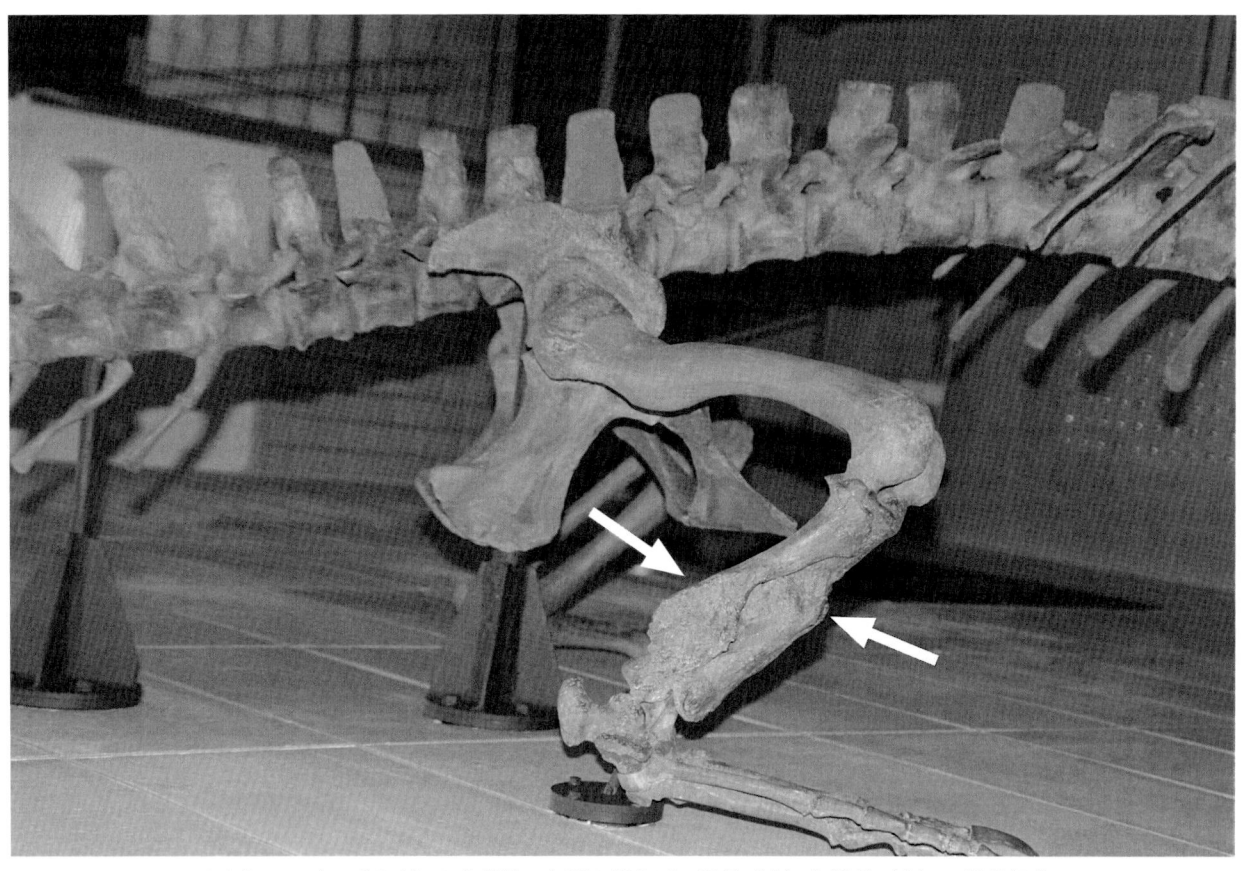

マチカネワニ（レプリカ）の右後肢。矢印の部分が、脛骨（右）と腓骨（左）の骨折部分。

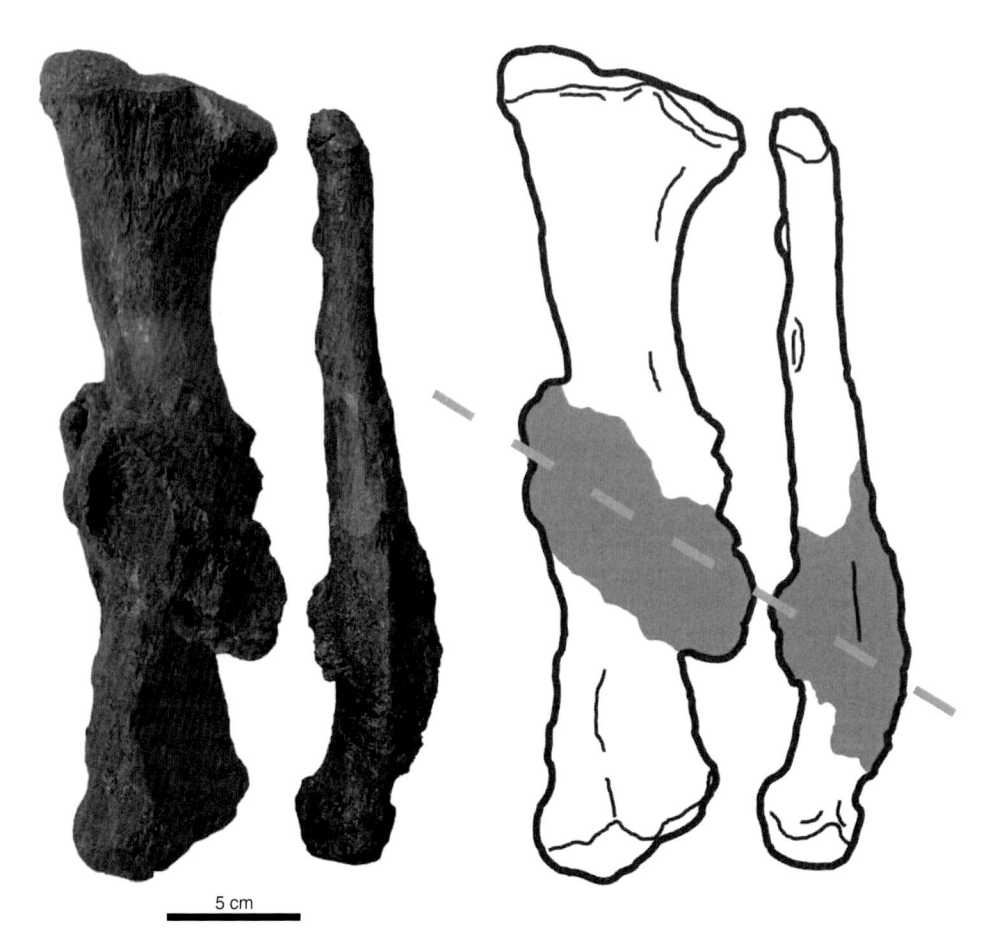

マチカネワニ化石の脛骨（左）と腓骨（右）。上の写真の矢印からみると2本の骨が並び、その骨折部分が一直線に並ぶ。グレー部は骨折して治癒したあと。

新しい技術によって暴かれるマチカネワニ化石の中身 ―CTの活用―

近年の化石の研究で、CTが用いられることがあります。CTとは、Computed Tomographyの略で、コンピュータ断層撮影ともいいます。放射線、とくにX線を使って対象物の断面構造をコンピュータ上で構築し、内部構造を見ることができるものです。この方法は対象物を解体や破壊することなく内部構造が見られるため、あらゆる用途で利用されています。化石の場合でも使われ、この非破壊で内部構造が読み取れるということで、内部に眠っている多くの情報を引き出せるという画期的な技術です。

マチカネワニも、X線CT装置を使い、大阪大学総合学術博物館の豊田二郎らによって内部構造が調べられました（科学研究費補助金　基盤研究（A）課題番号16200049　研究成果報告書　平成20年3月）。頭骨においては、外見からではわからないが、補強のために多くの金属の棒と樹脂が埋め込まれていました。マチカネワニの骨は非常にもろく、あれだけ大きい頭のものであれば自身の重さで壊れてしまうほどです。そのため、このようなものを埋め込んだのでしょう。補強には必要な物だったのですが、この金属が内部にあるため、X線CT装置によって得られる画像に不具合が生じます。化石の密度に対し金属の密度が高いため、骨を通ったX線が反射や屈折を起こし、画像に多くのノイズを出してしまうのです。このノイズのために、正確な構造が読み取れにくくなってしまうのです。

また、豊田らの解析によって、金属だけではなく、樹脂までも研究を難しくする原因であることがわかりました。樹脂に鉱物性のものが練り込まれていて、CTを撮っても、骨との違いがあまり出てこなかったのです。そのために、CTをかけても、どこまでが本物の骨でどこまでが作り物なのかも一目ではわかりにくいということが判明しました。現在、より詳細な解析が行われています。

X線CT装置で撮られた画像を使うことによって、三次元に構築することが可能です。1枚1枚のCT画像は、薄く切られた食パンのようなもので、パンの断面を見ることができます。そして、これらのパンの切り身（CT画像）をコンピュータ上で仮想的に1斤の食パンとして組み立てることができます。これは、大きなマチカネワニの頭骨をいちいち持ち上げたりすることなく、コンピュータ上でいろんな角度から見ることが可能となるのです。これは、標本の保存にも役立ち、また他機関で研究を行うときにも、標本を送らなくてもデータを送るだけで研究することが可能となるのです。さらに大阪大学総合学術博物館では、このデータを使い、展示室で来館者が自由に骨をコンピュータ上で回転させていろんな角度から骨を見られるようにしています(p.68、69)。将来は、インターネットでも公開するよう準備を進めています。これが実現すれば、世界中どこにいてもマチカネワニを自由な角度から見ることができるようになるのです。

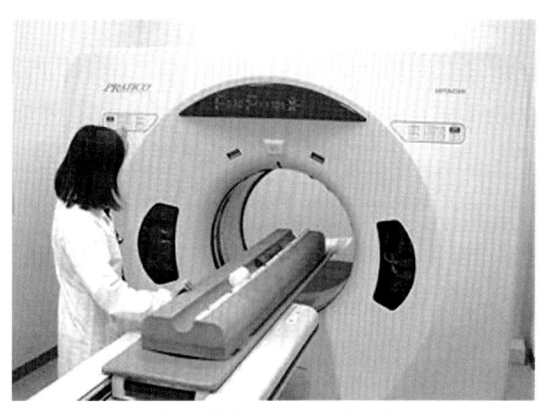

X線CT装置（高知大学海洋コア総合研究センター提供）

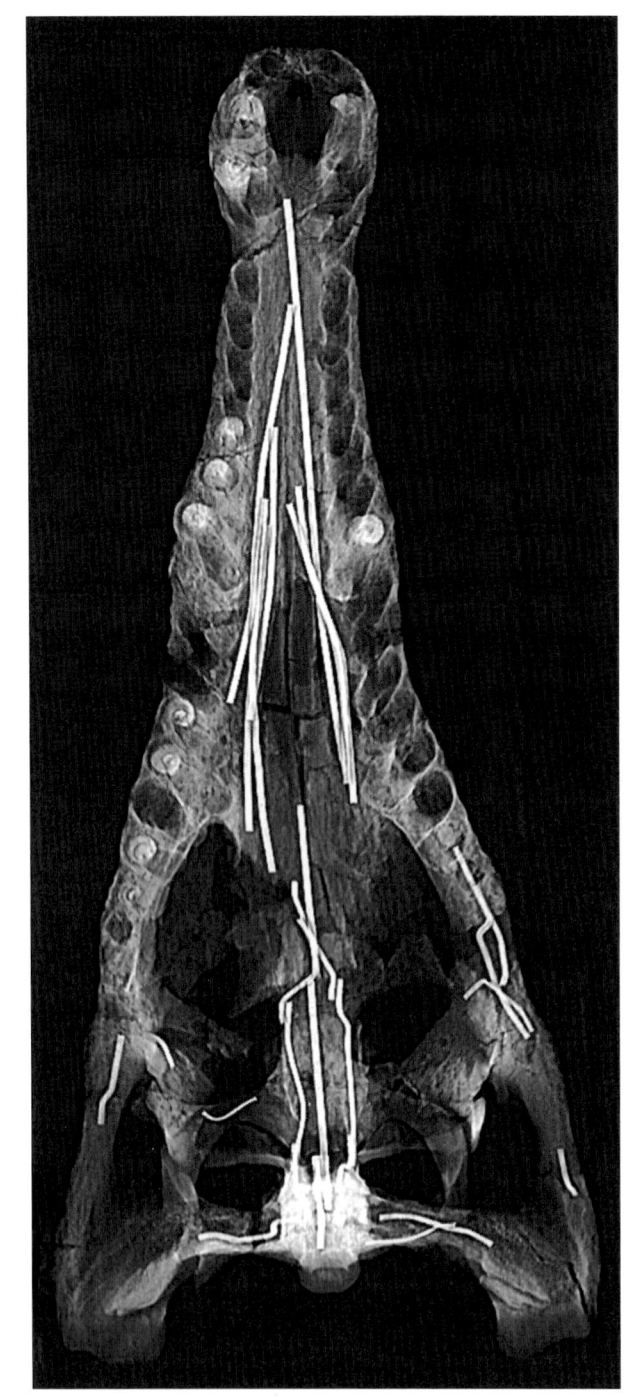

頭蓋骨のX線CTシノグラム画像（4枚のシノグラムを合成）。白色線状の部分が補強のために挿入された金属棒。

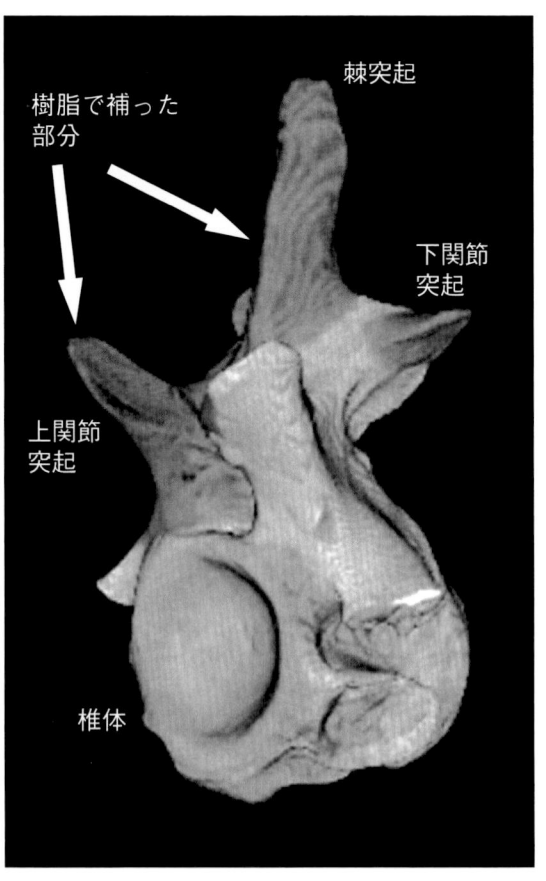

頸椎のX線CT画像をもとに三次元立体画像にしたもの。表面の色の白っぽい部分が化石骨の部分で、少し濃い灰色の部分は、発掘時に欠損していた部分を樹脂で補ったもの。

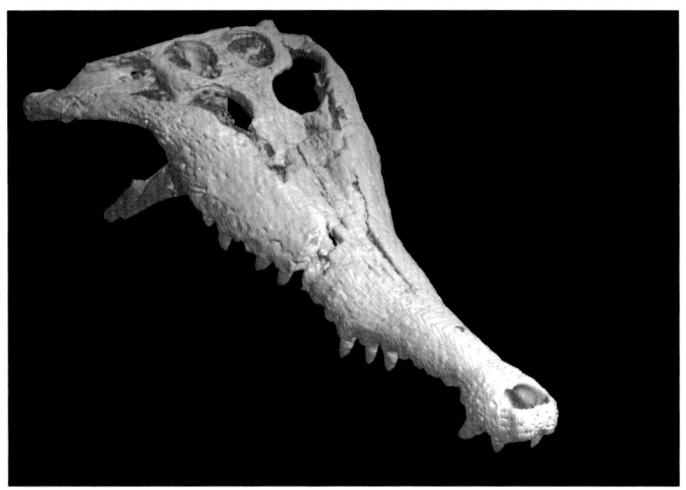

CTデータを基に三次元構築した画像頭骨の立体

頭骨の右半分を切り取り内部構造をみたところ

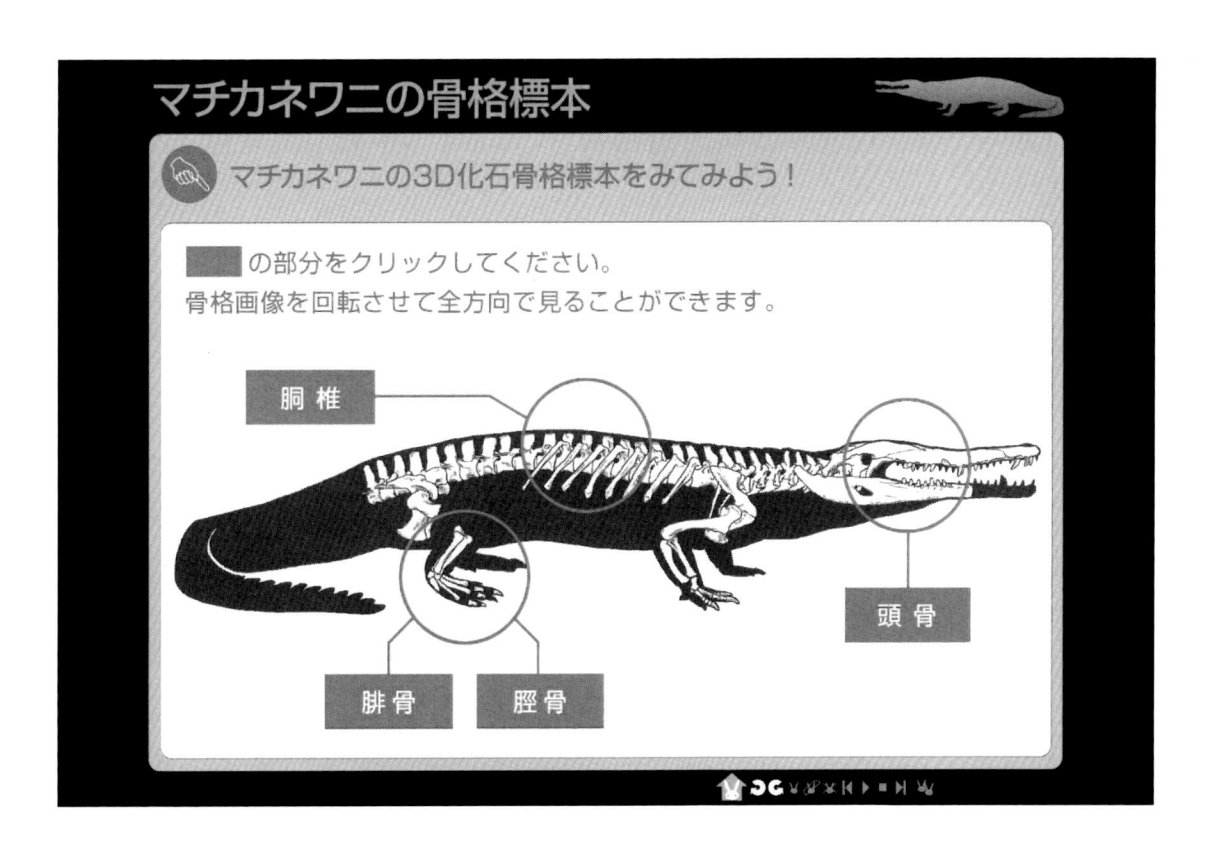

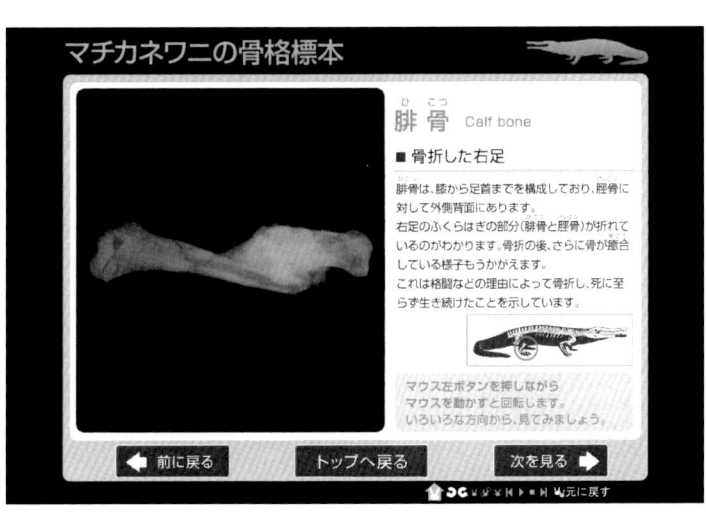

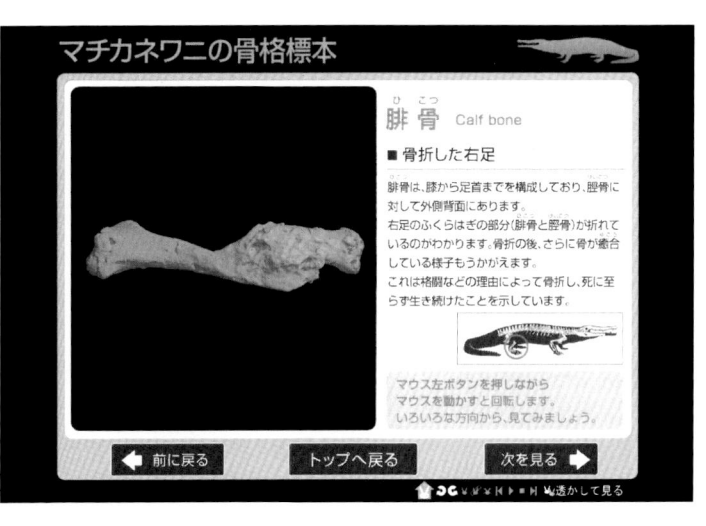

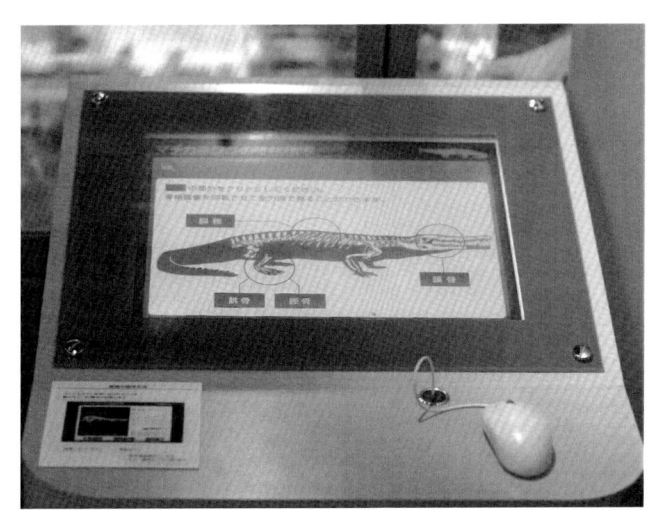

大阪大学総合学術博物館　待兼山修学学展示場のマチカネワニ化石前にある展示。
マウスを使って操作すると、上図のような画面で立体的に化石骨を閲覧できる。

Ⅳ　世界からのコメント

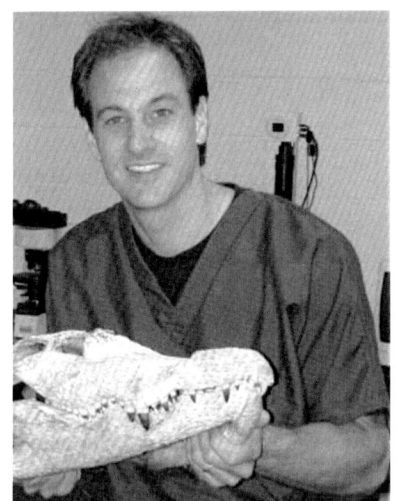

トミストマ亜科の進化　Evolution of tomistomines

クリストファー・ブロシュー　Christopher Brochu
（アメリカ アイオワ大学）

マレーガビアル *Tomistoma schlegelii* は、東南アジアの湖や川に生息しています。このワニは、長く細い鼻先をもっていて、体の色は茶色く黒っぽい縞模様が入っています。鼻先の長いワニは、一般的に魚を食べるのに適してると考えられますが、マレーガビアルは小さい動物も食べます。このワニの数は、急速に減っていき、絶滅の恐れがある動物です。

マレーガビアルは、主にインドに棲んでいるインドガビアル *Gavialis gangeticus* に似ているため、ガビアルモドキとも呼ばれます。マレーガビアルもインドガビアルも細い歯をもっていますが、それらが近縁なワニどうしなのかどうか現在も議論されています。骨格の特徴や化石種の証拠から考えると、これらのワニは近縁ではないとされ、類似した特徴は収斂進化（異なる生物が、同様の生態的地位についたときに似た姿に進化する現象）によって得られたものと考えられます。また、これらのワニは7,500万年前には分岐し、違った進化の道を辿っていったと考えられます。一方で、遺伝学によると、これらのワニは近縁で、もっと最近に分岐が起こったと考えられています。この問題は世界でも物議をかもされており、将来解決されるものと期待しております。

マレーガビアルやその仲間を含んだグループをトミストマ亜科と呼びます。最古のトミストマ亜科は、ヨーロッパやアフリカに露出する4,900万年前から5,500万年前の始新世の地層から発見された、ケンティスクス *Kentisuchus*、メガドントスクス *Megadontosuchus*、マロッコスクス *Maroccosuchus* です。これらのトミストマ亜科は、マレーガビアルほど鼻先が長くありません。進化の流れで、トミストマ亜科は、鼻先を長くそして幅を狭くしていったのでしょう。始新世の終わりにあたる3,400万年前には、北米、ユーラシア、アフリカ、南米に生活圏を広げていきました。

マレーガビアルの体の大きさは、6mを超しますが、化石のトミストマ亜科にはもっと大きなものがいました。その一つが、中新世（500万年前

クリストファー・ブロシュー

The false gharial, *Tomistoma schlegelii*, is found in lakes and rivers of Southeast Asia and parts of Indonesia. It has a long, slender snout, and the skin is dark brown with blackish-brown stripes. Although tubular snouts in crocodylians are often thought to be adaptations for catching fish, the false gharial eats a wide variety of small animals. Its habitat is rapidly disappearing, and the false gharial is critically endangered.

Tomistoma schlegelii is called the "false gharial" to distinguish it from the Indian gharial, *Gavialis gangeticus*, found today on the Indian Subcontinent. Both have similar snouts, but whether *Tomistoma* and *Gavialis* are closely related is a matter of debate. Evidence from the skeleton and fossil record suggests they are distantly related, last sharing a common ancestor more than 75 million years ago and evolving their tubular snouts independently; molecular data, on the other hand, usually suggest a closer relationship and more recent divergence. This is a subject of active research around the world, and hopefully the question will be resolved in the near future.

The group of crocodylians including *Tomsitoma* and its closest extinct relatives is called Tomistominae. The oldest tomistomines-*Kentisuchus, Megadontosuchus*, and *Maroccosuchus*-are from the Early Eocene, between 49 and 55 million years ago, of Europe and Africa. They had snouts intermediate in width between those of *Tomistoma* and those of a living crocodile. The tomistomine snout became narrower and longer early in the group's history, and by the end of

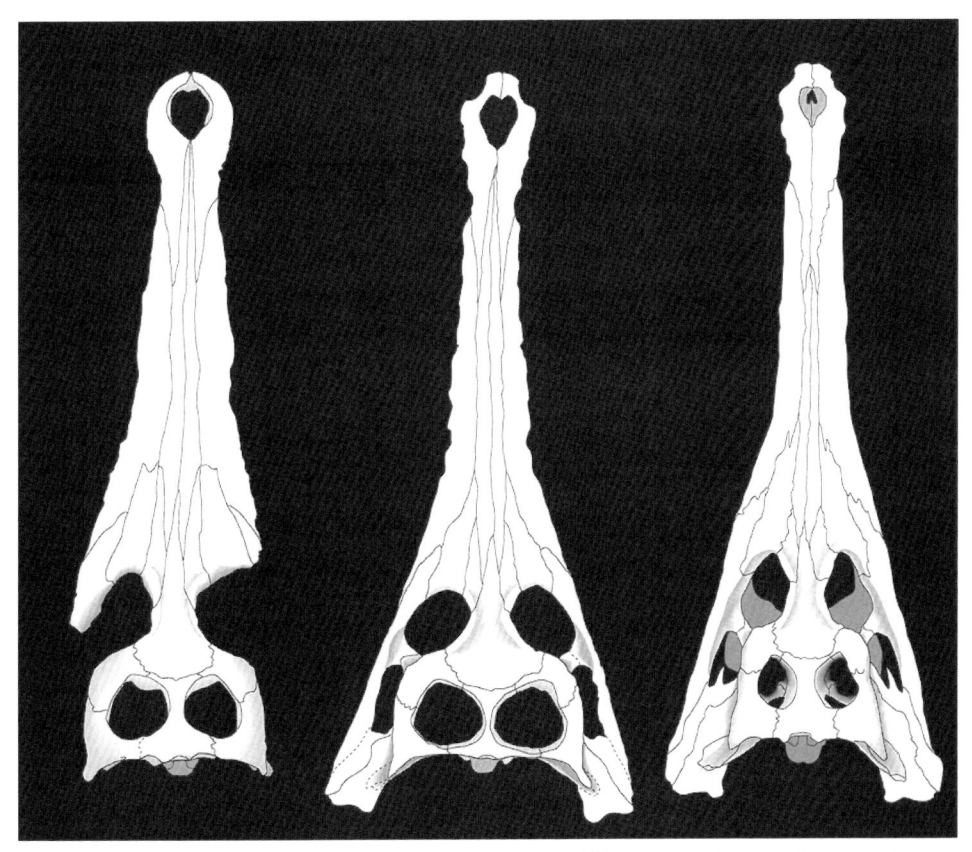

三種類のトミストマ亜科（左）ケンティスクス Kentisuchus、（中）ドロスコイデス・デンスモレイ Dollosuchoides densmorei、（右）マレーガビアル Tomistoma schlegelii

から1,100万年前）から発見されているランフォスクス Rhamphosuchus というワニで、10 m を超したと考えられています。これは、これまでのワニの歴史上最大級のものです。

現代のマレーガビアルは淡水に棲んでいますが、多くのトミストマ亜科の化石は、河口や海岸線でできた堆積岩から見つかっています。また、化石の分布から、海を渡る能力があったと考えられます。いくつかの原始的なトミストマ亜科は、アメリカの東海岸から発見されています。そのトミストマ亜科に近縁なものが大西洋を隔てたヨーロッパやアフリカから発見されているので、海を渡ってこなければ、アメリカにはたどり着けなかったでしょう。

こういう視点からもマチカネワニは重要であることがわかります。マチカネワニが、海を渡って日本にたどり着いた可能性も考えられます。マチカネワニは比較的最近のトミストマ亜科で、さらに現在のマレーガビアルと近縁ですから、マレーガビアルに見られる淡水性の生活は、比較的最近に確立したものであると考えることもできます。

the Eocene (about 34 million years ago), they were found throughout North America, Eurasia, Africa, and possibly South America.

Tomistoma is known to have exceeded 6 meters in length, but some fossil tomistomines were gigantic. One of them, *Rhamphosuchus* from the Late Miocene (5 to 11 million years ago), was among the largest crocodylians ever found and may have grown to 10 meters or more in length!

Modern *Tomistoma* only lives in fresh water, but many fossil tomistomines are found in rocks formed in estuaries or along the coast, and their distribution can only be explained if they were capable of crossing large oceans. Some of the most primitive tomistomines are from the eastern coast of the United States, and they can only have gotten there by crossing the Atlantic from Europe or Africa, where their closest fossil relatives are found.

This is one of the reasons *Toyotamaphimaea* is so important. It, too, likely arrived in Japan by crossing a marine barrier, but it was not a primitive tomistomine –it lived in the geologically recent past and was closely related to modern *Tomistoma*. This suggests that tomistomines only became limited to fresh water recently.

東アジアのトミストマ亜科　Tomistomines from east Asia

呉 肖春 Wu Xiaochun
（カナダ自然博物館）

呉 肖春

現在トミストマ亜科のワニは、1種しか生息していませんが、絶滅したものでは40を超える化石種が発見されています（Piras *et al*., 2007）。その中には、亀井と松本によって1965年に記載されたマチカネワニも含まれます（Kobayashi *et al*., 2006）。化石の証拠によると、トミストマ亜科の歴史は5,000万年前後の始新世のはじめにまで遡ります。最近のクリストファー・ブロシュによる研究により、トミストマ亜科がインドガビアル上科ではなくクロコダイル上科に分類されると考えられています。このことは、遺伝学とは異なり、トミストマ亜科がインドガビアル属よりもワニ属に近いということを表しています（Densmore, 1983；Wills *et al*., 2007）。

トミストマ亜科の化石のほとんどは、非常に断片的な部分骨から名前が付けられています。そのため、トミストマ亜科の初期の進化や後の多様性についてあまりよく知られていません。最近になって、新しいトミストマ亜科の化石が発見されたり、以前研究されたものが再研究されています。その結果、10前後のトミストマ亜科がより良く理解され、その骨の形や分類が解明されています。その中で、マチカネワニは、最もすばらしい化石の一つであることは間違いありません。この化石によって、トミストマ亜科のワニたちの関係が明らかになり、現在生きているマレーガビアルの起源が明らかになりました。

マチカネワニが2006年に小林らによって詳細に研究される以前は、ヨーロッパ南部やアフリカ北部の中新世から発見されたトミストマ・ルシタニカ *Tomistoma lusitanica* が、マレーガビアルに最も近いと考えられていました（Brochu 1997, 2000, 2006；Delfino *et al*., 2005）。しかし、近年の研究

Although there is only one extant species of the Tomistominae known today, there have been about forty fossil species described/reported from all over the world (Piras *et al*., 2007), including the Japanese *Toyotamaphimeia machikanensis* Kamei and Matsumoto, 1965 (Kobayashi *et al*., 2006). Fossil evidence indicates that the early history of Tomistominae may be traced back to the Early Eocene. Recently, a number of studies (Brochu's publications of 1997, 1999, and 2003) have documented that the Tomistominae can be attributed to Crocodyloidea rather than to Gavialoidea; in other words, the Tomistominae are more closely related to extant *Crocodylus* than to the long-snouted *Gavialis* although the opposite is true on the basis of molecular evidences (Densmore, 1983; Wills *et al*., 2007).

Most of the known tomistomine species were erected on the basis of very fragmentary specimens and contributed little to our understanding of the early history and diversity of the Tomistominae. More recently, a number of new tomistomine species have been described and some of the older known taxa have been restudied. These investigations have resulted in about a dozen of the tomistomine species becoming better understood than the others in terms of both morphology and systematics. Amongst these, *Toyotamaphimeia machikanensis* stands out as one of the best fossil tomistomines known to date. Its discovery has certainly shed light on our knowledge of the interrelationships within the Tomistominae and the origin of the extant *Tomistoma*.

In most publications related to tomistomines prior

トミストマ・ペトロリカ Tomistoma petrolica (IVPP V5015：標本番号) の頭骨。(スケール＝3 cm)

台湾海峡にある澎湖島から発見されたトミストマ亜科の頭骨 (NMNS－005645：標本番号)。上方から (a)、下方から (b)、後方から (c)、側方から (d)。

によって、マチカネワニがとって代わり、マレーガビアルに最も近いものとされています (Kobayashi et al., 2006 ; Piras et al., 2007)。これは、マレーガビアルが、アジアに起源をおいている可能性を示唆するのです。

東アジアでは、中国からもトミストマ亜科の化石も発見されています。広東省から比較的完全な標本が産出していてトミストマ・ペトロリカ Tomistoma petrolica と名前が付けられています (Yeh, 1958 ; Li, 1975)。台湾からも部分骨が鮮新世の終わりから更新世の始めにかけての地層から産出しており、トミストマ (？)・タイワニクスと鹿間時夫によって名前が付けられています (Shikama, 1972)。2006年に、台湾海峡にある澎湖島から新しい化石が発見されました。頭骸骨、下顎、それに体のほとんどが残っているもので、中国では最も完全なトミストマ亜科の化石記録です。私たちの予察的な研究によると、このワニは新属新種と考えられ、トミストマ・ペトロリカ Tomistoma petrolica とマチカネワニに近縁であると思われます。この結果から、東南アジアのマレーガビアルとは別に、東アジアの化石種3つが独立して進化した可能性も考えられるのです。

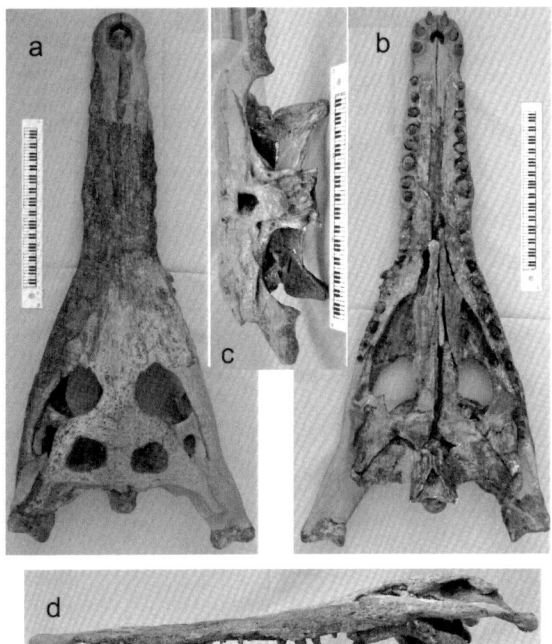

to the detailed investigation of *Toyotamaphimeia machikanensis* done by Kobayashi et al. (2006), *Tomistoma lusitanica* (a Miocene species from southern Europe and northern Africa) was often considered to have a close relationship with the extant species *Tomistoma schlegelii* (Brochu 1997, 2000, 2006 ; Delfino et al., 2005). However, in more recent phylogenetic studies of better preserved tomistomines, *Toyotamaphimeia machikanensis* replaces *Tomistoma lusitanica* as the closest relative of *Tomistoma schlegelii* (Kobayashi et al., 2006 ; Piras et al., 2007). This implies that the extant species *Tomistoma schlegelii* may have originated in eastern Asia.

In eastern Asia, tomistomine fossils have also been found in China. Relatively complete specimens are known from the Eocene of Guangdong Province, from which *Tomistoma petrolica* was erected (Yeh, 1958 ; Li, 1975). Specimens from Taiwan are very fragmentary and have been tentatively described as *Tomistoma* (？) *taiwanicus* (Shikama, 1972). These specimens are of Late Pliocene or Early Pleistocene origin. In 2006, a new tomistomine specimen was collected from Penghu Island in the Taiwan Strait. It consists of the skull and jaws, as well as much of the postcranial skeleton ; it represents the most complete tomistomine found in China. Our preliminary study suggests that the Penghu tomistomine is a new genus and species, differing from all other tomistomines, and that it is closely related to *Tomistoma petrolica* and *Toyotamaphimeia machikanensis*. This indicates that the tomistomines of the eastern Asia may have formed an independent sub-group, remotely related to the extant species.

イタリアのトミストマ亜科
Fossil tomistomines from an Italian perspective

マシモ・ディルフィノ Massimo Delfino
(イタリア フィレンツェ大学)

マシモ・デルフィノ

イタリアの両生類・爬虫類化石の研究は、1765年にギオバンニ・アルドゥイノがベニス近郊からワニの歯の化石を発見したことから始まりました。それ以降、ワニの化石は、イタリア国内50カ所にわたり、ジュラ紀前期から中新世の終わり(Pliocone のはじめ)の地層から発見されています (Kotsakis et al., 2004; Delfino & Dal Sasso, 2006)。イタリアのワニ化石の記録は、驚かされるものがあります。最も完全な原始的なアリゲーター科のアキノドン Acynodon (白亜紀後期)(Delfino et al., 2008) や、ワニ属 Crocodylus がヨーロッパに移動した初めての記録(中新世末か鮮新世の初期)(Delfino et al., 2007; Delfino & Rook, 2008) が発見されています。アリゲーター科やクロコダイル科は、イタリアでは知られていますが、インドガビアル科はまだ見つかっていません。

イタリアから見つかっている、マレーガビアルが属すトミストマ亜科 (ここではクロコダイル科に分類される) の化石のほとんどは、歯のみです。歯化石だけでは、同定が困難ですので、トミストマ亜科のものというのは難しく、ワニの歯としかいえません。他の化石標本は、19世紀に研究され名前が付けられています。イタリア北部の始新世中期から発見されたマガドントスクス・アリドゥイニ Megadontosuchus arduini (de Zigno, 1880)、サルディナ島の中新世後期から発見されたトミストマ・カラリタヌス Tomistoma calaritanus (Capellini, 1890)、イタリア半島の南東端の中新世から見つかったトミストマ・リセエンシス Tomistoma lyceensis (Costa, 1848) が知られています。

マガドントスクス・アリドゥイニの模式標本は、パドゥラ大学の地質古生物博物館に保管されています。この標本はピラスと共同研究者によって2007年に研究されました。その研究によって、トミストマ亜科に属すことが確認されました。トミストマ・カラリタヌスの頭骨標本は、残念なことですが、第二次世界大戦中に壊されてしまいました。残りの体の骨は、カグリアリ大学に保管されています。また、幸いなことに、カペリニによってすばらしい絵が描かれています。今後、このワニの研究も行われるべきでしょう。トミストマ・リセエンシスの標本がどこにあるのかわかっていません。しかし、ボロニアにあるカペリニ地学博

Italian palaeoherpetology was apparently born in 1765 when Giovanni Arduino reported the finding of fossil crocodilian teeth from a hill located in the Venice region. Since then, fossil crocodilians (a name here considered in its widest sense, and therefore including also the Mesozoic marine forms; see Martin & Benton, 2008) have been identified in about 50 localities whose age extends from the Early Jurassic to the latest Miocene or even earliest Pliocene (Kotsakis et al., 2004; Delfino & Dal Sasso, 2006). The study of the Italian crocodilian fossil record is providing many interesting surprises like the most complete specimen so far known of the primitive alligatoroid Acynodon (Late Cretaceous; Delfino et al., 2008), or the first European evidences of transcontinental dispersal of genus Crocodylus (Late Miocene or Early Pliocene; Delfino et al., 2007; Delfino & Rook, 2008). So far, both alligatoroids and crocodiloids have been found in Italy, but not gavialoids yet.

Tomistomines, here considered as members of the crocodiloids, have been identified in several localities; in most cases the fossils are represented only by isolated teeth, which are notoriously uninformative for fine taxonomy, and therefore they should be better referred to undetermined crocodilians. Nevertheless, on the basis of relevant tomistomine remains, the following species were described in the XIX century: Megadontosuchus arduini (de Zigno, 1880) from the middle Eocene of northeastern Italy, Tomistoma calaritanus Capellini, 1890 from the late Miocene of the island of Sardinia, and Tomistoma lyceensis (Costa, 1848) from the Miocene southeastern tip of the Peninsula.

The type material of M. arduini is still preserved at Geological and Palaeontological Museum of Padua University; it was recently revised by Piras and co-authors (2007) who confirmed the validity of its specific status and, with a cladistic analysis, its tomistomine relationships. The skull on which the species T. calaritanus was originally described was nearly completely destroyed during the II World War (the

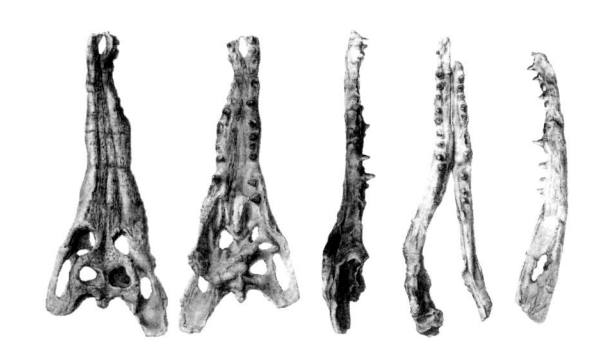

マガドントスクス・アリドゥイニ *Megadontosuchus arduini* (de Zigno, 1880)。この種類は、イタリア西部の始新世中期から産出する。(de Zigno 描画, 1880)

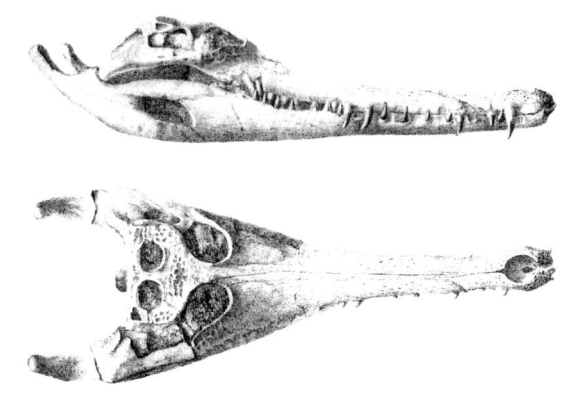

トミストマ・カラリタヌス *Tomistoma calaritanus* (Capellini, 1890)。この図は19世紀の終わりに描かれたが、本物は第二次世界大戦中に破壊されてしまった。(Capellini 描画, 1890)

物館に複製が保管されています。それは、頭骨の一部（吻部）ですが、非常に大きいトミストマ亜科がいたかもしれないことを示しています。もっと重要なのは、同じ地域から新しく発見された標本です。この標本は細く尖った歯で、フランスやポルトガルから発見されているものと非常に良く似ています。これら、フランスやポルトガルのものは、ヨーロッパにインドガビアルが棲んでいた唯一の証拠だと考えられているものです（Antunes, 1994）。イタリア南部の標本は、トミストマ亜科であることは間違いなく、フランスやポルトガルのインドガビアルに似たワニといわれているものが本当にそうなのか、ヨーロッパにインドガビアルが本当に棲んでいたのか、もう一度問い直す化石となることでしょう。

上に挙げられたもの以外にも、あと２つ名前が付けられているものがあります。トミストマ・チャンプソイデス *Tomistoma champsoides* (Lydekker, 1886) とトミストマ・ガウデンセ *Tomistoma gaudense* (Hulke 1871) で、マルタの中新世前期？中期から発見されています。これらの化石は再研究されていませんが、現生の属であるマレーガビアル属の特徴を知る上で重要なものです。

今回イタリアのトミストマ亜科を紹介させてもらいましたが、それらは中新世に絶滅しており、大阪大学から発見されたマチカネワニのようにすばらしい保存状態の化石標本はありません（Kamei et Matsumoto, 1965）。マチカネワニは、近年小林らによって再記載され、すばらしいモノグラフとして出版されました（Kobayashi *et al.* 2006）。このワニによって、地理的な分布が大きく拡大され、またマレーガビアルの仲間が、つい最近の更新世まで生き延びていたことを示します。50万年前とは、地球の歴史からすると、ほんの昨日のようなものです。

remnants are housed at the Palaeontological Museum of the Earth Science Department of Cagliari University) but luckily Capellini (1890) provided a nice interpretative drawing this tomistomine species should be revised in order to confirm its validity. The whereabouts of the type material of *Tomistoma lyceensis* (originally described by Costa, 1848 and Aldinio, 1896) are unknown, but a cast is still preserved in the collections of the Museo Geologico Capellini in Bologna: it is a fragmentary rostrum which testifies for the presence of large sized possible tomistomine. Much more informative are the new materials coming from the same area (Museo dell'Ambiente of Lecce University; Delfino *et al.*, 2003) because they are characterized by slender and pointed teeth apparently identical to those, coming from some French and Portuguese Miocene localities, considered as the only evidence for the presence of the genus *Gavialis* in Europe (Antunes, 1994); the fact that the crocodylian skull fragments from southern Italy have clear tomistomine relationships and at the same time host teeth with a morphology similar to that of the French and Portuguese fossil "*Gavialis*" allows to cast doubts on the presence of the latter genus in Europe.

Beside the taxa described above, two other tomistomine species have been described from the Italian biogeographic region: *Tomistoma champsoides* (Lydekker 1886) and *Tomistoma gaudense* (Hulke 1871) whose remains have been retrieved in the early-middle Miocene of Malta. They have never been revised with a modern approach but probably their types are note informative enough to support a modern diagnosis of these species.

From this brief overview on of the Italian fossil tomistomines it appears that this group went extinct during the Miocene and that none of the Italian remains is so well preserved as *Toyotamaphimeia machikanensis* (Kamei et Matsumoto, 1965) from the Osaka Prefecture. The remains of this taxon, recently re-described in a excellent monography by Kobayashi *et al.* (2006), significantly widen the geographical range of fossil tomistomines indicating that the possible sister taxon of the only currently living tomistomine, *Tomistoma schlegelii*, survived in Japan at least until the Middle Pleistocene, that is to say, in a geological perspective, until the day before yesterday.

現生ワニの生物機能から考えるマチカネワニの噛む力
Bite forces for *Toyotamaphymeia* inferred from the biomechanics of living crocodilians

グレゴリー・エリクソン、ポール・ギグナック
G. M. Erickson and P. M. Gignac
(アメリカ フロリダ州立大学)

ワニは、現在まで8,500万年間のあいだ水際の捕食者として生活圏を支配しています。この繁栄の成功の鍵になっているのは、鼻先や歯の形の多様性の進化によってさまざまな環境への適応を可能とする能力に関係していると考えられます。アメリカワニのように、短く幅広い鼻先と太く丸い歯をもっているものや、インドガビアルのように魚を食べる鼻先が長く細長い歯をもったもの、またその中間型のイリエワニのように多様化しています。このような中間型の鼻先や歯をもっているワニは、大きな動物を襲うスペシャリストでもあります。

私たちの大学では、現生ワニの鼻先や他の形によって生物機能学的に研究し理解することで、絶滅種の生態や物理的に噛む力の強さを探っています。

とくに、現在生きているすべてのワニ23種類の

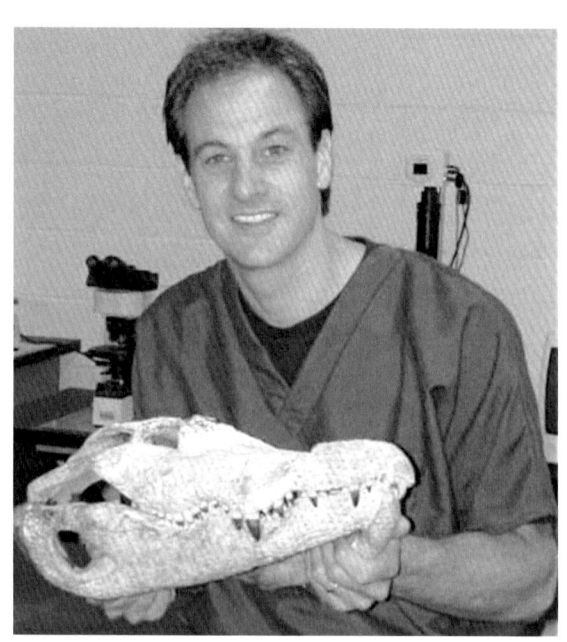

グレゴリー・エリクソン

Crocodylians have dominated predatory niches at the water-land interface for over 85 million years. The key to their extraordinary success has been the ability to exploit a number of niches facilitated by the evolution of a diversity of snout and dental types. These include broad-snouted generalists with fairly blunt teeth, such as the American alligator, needle-toothed, slender-snouted forms that feed on more compliant food, including fish, such as the Indian gharial, and medium-snouted forms such as the salt-water crocodile, which has an intermediate dental morphology and tends to be a large game specialist.

In our lab we strive to understand the biomechanics of crocodilian rostral and dental types in living forms and use them to infer the physical capacities and ecology of their extinct relatives.

Specifically, we have used electronic force transducers to experimentally measure the maximal bite force capacities for all 23 living species of crocodilians. Our research has shown a range of maximum values from

ポール・ギグナック

鼻先が細いワニの噛む力を比較した両対数グラフ
Slender-snouted Crocodilian Bite Forces

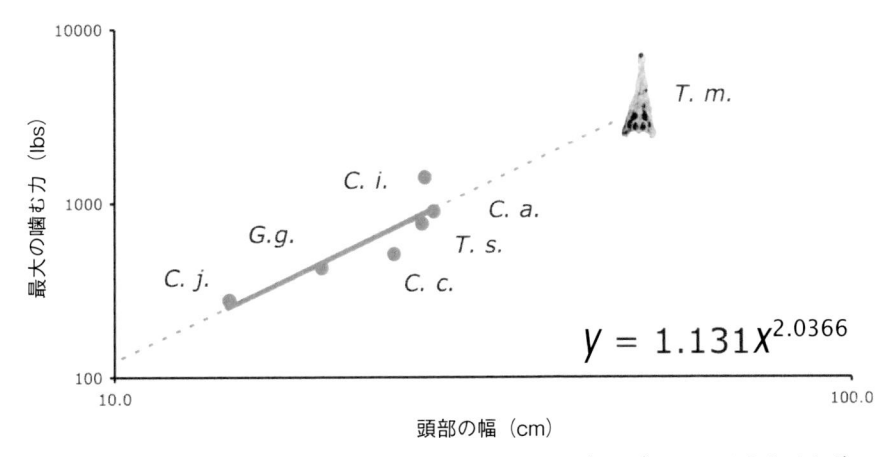

$$y = 1.131x^{2.0366}$$

マチカネワニ（T. m.）の噛む力をグラフから予想できる。アメリカワニ（C. a.）、アフリカクチナガワニ（C. c.）、オリノコワニ（C. i.）、ジョンストンワニ（C. j.）、インドガビアル（G. g.）、マチカネワニ（T. m.）、マレーガビアル（T. s.）（lbs）はポンド。1ポンドは約454 g。

噛む力の最大力を実験的に測るためにその力を電気的に計測する装置を使っています。体の小さいワニは、70 kg重程度の噛む力をもち、一番大きいものでは2,000 kg重弱の噛む力を発揮します。体の大きさによって噛む力を予想することができますが、鼻先の長いワニは、体の大きさが同じワニに比べて噛む力が弱い傾向にあります。

そこで、私たちは現生の鼻先の長いインドガビアルの顎の筋肉を分析し、噛む力を計算しました。鼻先の短いアリゲーター科やクロコダイル科のワニと比較すると、鼻先の長いワニの顎を閉じる主な筋肉は発達していません。このことからインドガビアルの噛む力が他のワニよりも小さく、またそれによく似たワニの噛む力も小さいと考えられるのです。

これらの研究をもとにして、私たちはマチカネワニの噛む力を推測し、その力は1,500 kg重ほどあったと考えられます。さらに、インドガビアルとの相違点を考えると、単に魚を食べていた訳ではなく、鳥や小さい動物などを食べていた可能性が考えられます。

今後私たちは、さらなる現生種の研究を進め、マチカネワニやその近縁種を含む絶滅種の噛む力の予測値を正確に出せるようにしたいと考えております。

150 lbs for dwarfed species to as high as 4,000 lbs in the largest species. Body size is a strong predictor of maximal bite force; however, slender-snouted species tend to be pound-for-pound lower-force biters.

We have analyzed the jaw muscles of a living slender-snouted taxon, the false gharial, to evaluate their contribution to bite force. As compared to generalist alligators and crocodiles, the major jaw closing muscles in the slender-snouted form are both much smaller and do not have the high-force producing, bipennate fiber arrangement found in many of its living relatives. Together, these attributes account for the lower maximum bite force for the false gharial, and would point towards a similar morphology underlying the feeding biomechanics of related taxa.

Based on our studies of living crocodilians, we have deduced that *Toyotamaphymeia* could have produced a maximum bite force of approximately 3,200 lbs. In addition the rostral and dental similarities between this animal and the false gharial point to a species that was not solely piscivorous. Its diet was probably more catholic and likely included fowl and small game.

In future analyses we intend to further explore the diversity of anatomical form that has allowed living crocodilians to become so successful in order to refine our predictions about similar capacities and resource use in fossil forms including close relatives of *Toyotamaphymeia*.

マレーガビアルの歩き方

久保 泰　Yasushi Kubo
（カナダ王立ティレル古生物学博物館）

　ワニというと、水の中でじっとしていて、陸上に上がるとひなたぼっこの合い間にのそのそと歩いているイメージが強いのではないでしょうか。現生のワニの中で最もマチカネワニと近縁であるマレーガビアルは、とくに水中での生活に適応した仲間です。では、彼らは陸上ではどのように移動するのでしょうか。

　現在生息しているワニの仲間は、さまざまな歩き方をします。たとえば、オーストラリアに住むジョンストンワニは、急いで逃げるときにはウマのように、左右の肢を揃えて飛び跳ねながら走る（ギャロップ）ことが知られています。ワニ類の通常の歩き方としては、岸辺から水中までの短い距離を移動するときなどに良く見られる、腹を地面に着けたまま四肢で地面を押して、はいずりながら移動する'腹ばい歩き'や、肢を斜め下に出して歩く'半直立型'と呼ばれる歩き方などが知られています。半直立型の歩き方は、哺乳類に見られる四肢が体の真下を通る'直立型'と、トカゲやサンショウウオに見られる「原始的」な這い歩き型の中間の歩き方であると考えられていました。

　しかし、化石の研究からワニの祖先と考えられているスフェノスクス類（三畳紀〜ジュラ紀）は、長い四肢をもち、哺乳類のような直立型の歩行をする活発な動物であったことがわかってきました。その後、半水棲生活を行うようになったワニの祖先が、肢を斜め下に出して動かす半直立型の歩き方を獲得したと考えられています。そのため、現在ではワニの半直立型の歩き方は、ワニが独自に獲得した歩き方で、「這い歩き型から直立型へ進化する途中段階」ではないと考えられています。この半直立型の歩き方はアメリカンアリゲーターやメガネカイマンで観察されており、ワニ一般に広く見られると考えられています。

　しかし、インドに生息するインドガビアルは、子供のときはこの半直立型の歩き方ができるのですが、成長して大人になると四肢の筋量に対して体重が重すぎるためか、陸上では腹を地面に着けた'腹ばい歩き'しかできないことが知られています。インドガビアルは現生のワニの中でも最も水中生活に適応しており、ほとんど陸上にあがることがないため、半直立の歩き方ができなくても問題がないのだと考えられています。

　マレーガビアルもインドガビアルと同様に水中生活に適応したワニとして知られています。ではマレーガビアルはどのような歩き方をするのでしょうか。他のワニとは歩き方が異なるのでしょうか。私は、上野動物園でイリエワニ、シュナイダームカシカイマンとマレーガビアルの幼体の歩行をビデオ撮影し、その比較を行いました。

　動物の歩き方がどの程度、直立型あるいは這い歩き型に近いのかを表す指標の一つに、太ももの外転角度というものがあります。これは体を右半身と左半身に分ける矢状面と呼ばれる平面と太ももの軸がなす角度のことで、哺乳類などの直立型の歩行だとこの角度が小さくなり、トカゲなどの這い歩き型の歩行だと大きくなることが知られています。今回の研究では、地面に着いて体を支えている側の後肢の外転角度を、ビデオから1コマ毎に計算し、ワニが1歩進む間の太ももの平均外転角度を計算しました。その結果、イリエワニだと20〜30度、シュナイダームカシカイマンでは約45度、マレーガビアルでは約65度であることがわ

イリエワニの'腹ばい歩き'。腹を地面につけたまま、四肢で地面を押して移動する。側方からのビデオの画像。

図1と同じ個体のイリエワニの'半直立型'歩行。側方からのビデオの画像。

マレーガビアルの歩き方。斜め前からのビデオの画像。

かりました。哺乳類のネコの外転角度は、ほぼ0度、イヌでは約10度であることが知られています。上野動物園でトカゲの外転角度も測りましたが、外転角度はおおよそ40～60度でした。つまり外転角度で見た場合は、マレーガビアルは這い歩き型といわれるトカゲよりも、より這い歩き型であるということになります。

一方で這い歩き型の動物は、一般に体を左右にくねらせて歩くことが知られています。体をくねらせることで歩幅を長くすることが出来るわけです。どれだけ体をくねらせているかは、腰をどれだけ左右に回転させるかで表すことができます。この角度は哺乳類だと0～10度、ワニでは10～20度、トカゲやサンショウウオでは15～40度であることが知られています。今回歩き方の解析を行ったマレーガビアルの腰の回転角度は約12度でした。つまり、マレーガビアルは太ももの動きを見るとトカゲなどよりもさらに這い歩きをしているものの、腰の動きを見るとワニの範疇に入るという独特な歩き方をしていることがわかりました。

ワニの先祖は大昔に陸上生活に適応し直立型の歩き方を獲得したのちに、半水棲となり現在のワニのような半直立型の歩き方をするようになりました。ワニの中でもマレーガビアルやインドガビアルの先祖は、化石の分布の研究から海を渡って分布域を広げたと考えられています。彼らは海を渡るほど水中での生活に適応しましたが、その代償として陸上での歩く能力が退化してしまったのかもしれません。マチカネワニが発見された大阪層群は多くの海泥層を挟み、マチカネワニが産出した1m上にも海泥層があります。マチカネワニの祖先も、海を越えて日本にやってきたのかもしれません。マチカネワニ自身、体が大きかったことを考えると、陸上で歩くことはあまり得意でなかったのではないかと考えられます。

東南アジアのマレーガビアル属における属の多様性について

Genetic diversity of *Tomistoma schlegelii* in Southeast Asia

タラ・シング Tara K. Singh
（マレーシア　ツンク・アブドゥル・ラマン大学）

タラ・シング

　マレーガビアル *Tomistoma schlegelii* は、インドガビアル *Gavialis gangeticus* のように鼻先が長いことから"ガビアル"という名前が付けられています。成長したメスは、1.5～2.5mに、オスは3mを超える大きさに成長します。マレーシアとインドネシアに生息するワニで、湿地帯に棲んでいます。1990年代から見られることは少なくなりましたが、インドネシアではスマトラとカリマンタンで生息が確認され、マレーシアではサラワクとマレー半島に限られています (Sebastian, 1993, Simpson *et al*, 1998)。この種は、マレーガビアル属の唯一の生き残りで、Appendix I CITES や Data Deficient under IUCN criteria に挙げられ (IUCN, 1996)、野生で個体数は2500頭を切っています。合法および非合法の森林伐採、湿地帯の開発や森林火災によって、巣や生活圏を失い、生存が脅かされています (Bezuijen *et al*, 1998, Auliya *et al*, 2006)。マレーガビアル属 *Tomistoma* の別種であるトミストマ・ルシタニカム *T. lusitanicum* やトミストマ・カイレンセ *T. cairense* はすでに絶滅しています。

　マレーガビアルはワニ目 Crocodylia に分類されていますが、どの科に属すかは未だ議論が行われています。形態を使った研究によると、マレーガビアル属は、インドガビアル属よりワニ属に近いと考えられます (Brochu, 2003)。一方で、遺伝研究によるとワニ属よりもインドガビアル属に近いと考えられており、更なる研究が行われています (Densmore, 1983, Densmore & Dessauer, 1984, Densmore & Owen, 1989, Densmore and White, 1991, Ray & Densmore, 2002)。

　2006年からツンク・アブドゥル・ラマン大学によってミトコンドリアを使って、自然に生息する

The false gharial *Tomistoma schlegelii* is commonly and scientifically named so due to the resemblance to the Indian Gharial and its snout morphology. The adult female can grow from 1.5−2.5m while males can exceed 3.0m. It is endemic to Malaysia and Indonesia and is commonly associated with peat swamps. In Indonesia, it is found in Sumatra and Kalimantan (Bezuijen *et al*, 1998, Auliya *et al*, 2006) and in Malaysia it is thought to be restricted to Sarawak and Peninsular Malaysia with sightings being rare since the early 1990s (Sebastian, 1993, Simpson *et al*, 1998). This species is a sole surviving member to the genus *Tomistoma* and is listed in Appendix I CITES and Data Deficient under IUCN criteria (IUCN, 1996) with an estimated population of less than 2500 individuals left in the wild. The legal and illegal logging, development and forest fires at the peat swamps resulting in loss of suitable nesting sites and habitat for *Tomistoma* (Bezuijen *et al*, 1998, Auliya *et al*, 2006) is threatening its survival in the wild. The other species in this genus, *T. lusitanicum* and *T. cairense* are already extinct.

　Tomistoma schlegelii is classified in the order of Crocodylia and the classification of the family is still inconclusive. Based on morphology (Brochu, 2003) the *Tomistoma* is closer to *Crocodylus* compared to *Gavialis* while genetic studies found a close phylogenetic relationship between *Gavialis* and *Tomistoma* (Densmore, 1983, Densmore & Dessauer, 1984, Densmore & Owen, 1989, Densmore and White,

血液採取をしているところ

威嚇するマレーガビアル

抵抗するマレーガビアル

トミストマ属における種内の変化が調べ始められました。マレーシアの東部と西部、インドネシアのスマトラやカリマンタン、タイで採取された標本（香港に保管）が使われました。この研究は、集団内および集団間によける遺伝の多様性を調べることを可能とし、絶滅危惧種を保護する計画に使われることになるでしょう。

これまで、私たちはマレーガビアルに近縁ともいわれるインドガビアル *Gavialis gangeticus* の遺伝子も使って研究をしてきました。現在、マチカネワニのサンプルを大阪大学から頂き、遺伝の研究を行っています。化石の研究では、マチカネワニは、トミストマ属の絶滅種（トミストマ・ルシタニカム *T. lusitanicum* やトミストマ・カイレンセ *T. cairense*）よりも、マレーガビアルに近縁であると結論が出されているので、今後私たちは遺伝子を使ってその仮説を検証してみたいと考えています（Piras et al, 2007）。

1991, Ray & Densmore, 2002). Most of the molecular study has focused on taxonomic level for this species.

An intraspecific variation study using mitochondria gene markers was initiated in 2006 for *Tomistoma* within its natural range of occurrence (Malaysia, Indonesia and Thailand) by Universiti Tunku Abdul Rahman. Samples collected were from various regions within Malaysia (East and West Malaysia), Indonesia (Sumatra and Kalimantan) and Hong Kong (specimens originating from Thailand). This study would reveal the genetic diversity within and between populations that will be used in planning conservation efforts of this endangered species.

So far, we have used molecular data of the Indian gharial *Gavialis gangeticus* to root the intraspecific phylogenetic tree in our work, since it is the closest living taxa for *Tomistoma*. We have now obtained bone fragments of *Toyotamaphimeia machikanensis* from Museum of Osaka University to generate molecular data for the purpose of complementing existing data. It would be interesting to make such comparisons as morphologically *T. schlegelii* is closer to *Toyotamaphimeia* than to the two extinct *Tomistoma* species, *T. lusitanicum* and *T. cairense* (Piras et al, 2007).

Ⅴ　日本各地のマチカネワニの仲間たち

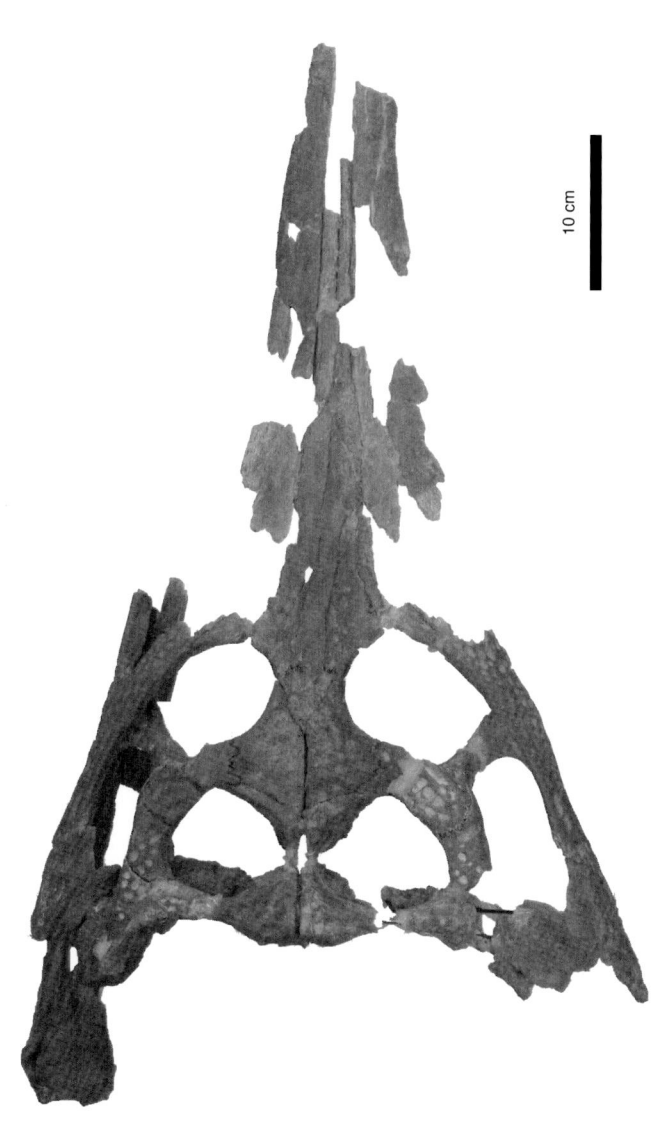

キシワダワニ化石骨（頭骨）

日本に棲んでいたマチカネワニの仲間

北海道苫前郡羽幌町から産出した白亜紀後期のワニ化石。下あごの後方部（左）と歯（右）。

　日本には、マチカネワニが日本列島に入ってくるずっと前にもワニが棲んでいました。一番古いもので、山口県に露出している豊浦層群という地層から発見されています。このワニは、ジュラ紀前期（約1億8,300万年前）の地層でアンモナイトと一緒に発見されています。この時代は、恐竜が地球上を支配している時代です。恐竜時代のワニは他にもあり、福井県勝山市の白亜紀前期（約1億3,000万年前）恐竜産地からもゴニオフォリス科のワニが発見されたり、北海道苫前郡羽幌町からも白亜紀後期（約8,400万年前）の海の地層からワニが発見されています。最近では、岩手県久慈市の琥珀の産地から、恐竜の骨と一緒にワニの歯が見つかっています。

　恐竜絶滅後の"哺乳類の時代"と呼ばれる新生代（約6,550万年前－現在）に入っても、ワニは日本に棲んでいました。ワニは、哺乳類とは違い、歯が何度も生え変わります。使い古した歯は抜け落ちて、地面に落ちます。一生の中で何どでも生え変わるので、1頭のワニは何本もの歯を落としていきます。そのせいか、発見されるワニ化石の多くは歯です。もちろん、骨の化石も発見されますが、確率的に歯の方が残りやすく見つけやすいのでしょう。大阪市立自然史博物館の樽野博幸によって、『岸和田市流木町産ワニ化石発掘調査報告書』に鮮新世と更新世（約533万年前－現在）のワニの産出がまとめられています。これによると、北は岩手県から、南は長崎県まで分布しているのがわかります。そのほとんどが、断片的な化石であったり、足跡化石です。マチカネワニのように骨格がそろったものは非常に稀です。断片的であっても、ワニがその地域に存在したという重要な証拠となり、当時の環境や、その地域の生態系を知る上で意義のあるものとなります。青木良輔は、台湾から見つかっているトミストマ・タイワニクス *Tomistoma taiwanicus* は、マチカネワニの可能性があるとも考えており、もしこれが本当であったら、より広い分布が考えられるのです。

　マチカネワニは、非常にすばらしい標本です。骨格のほとんどが残っています。実は、マチカネワニにはかなわないにしても、それに匹敵するすばらしい標本が、もう1つ大阪には存在します。それは、キシワダワニと呼ばれるものです。

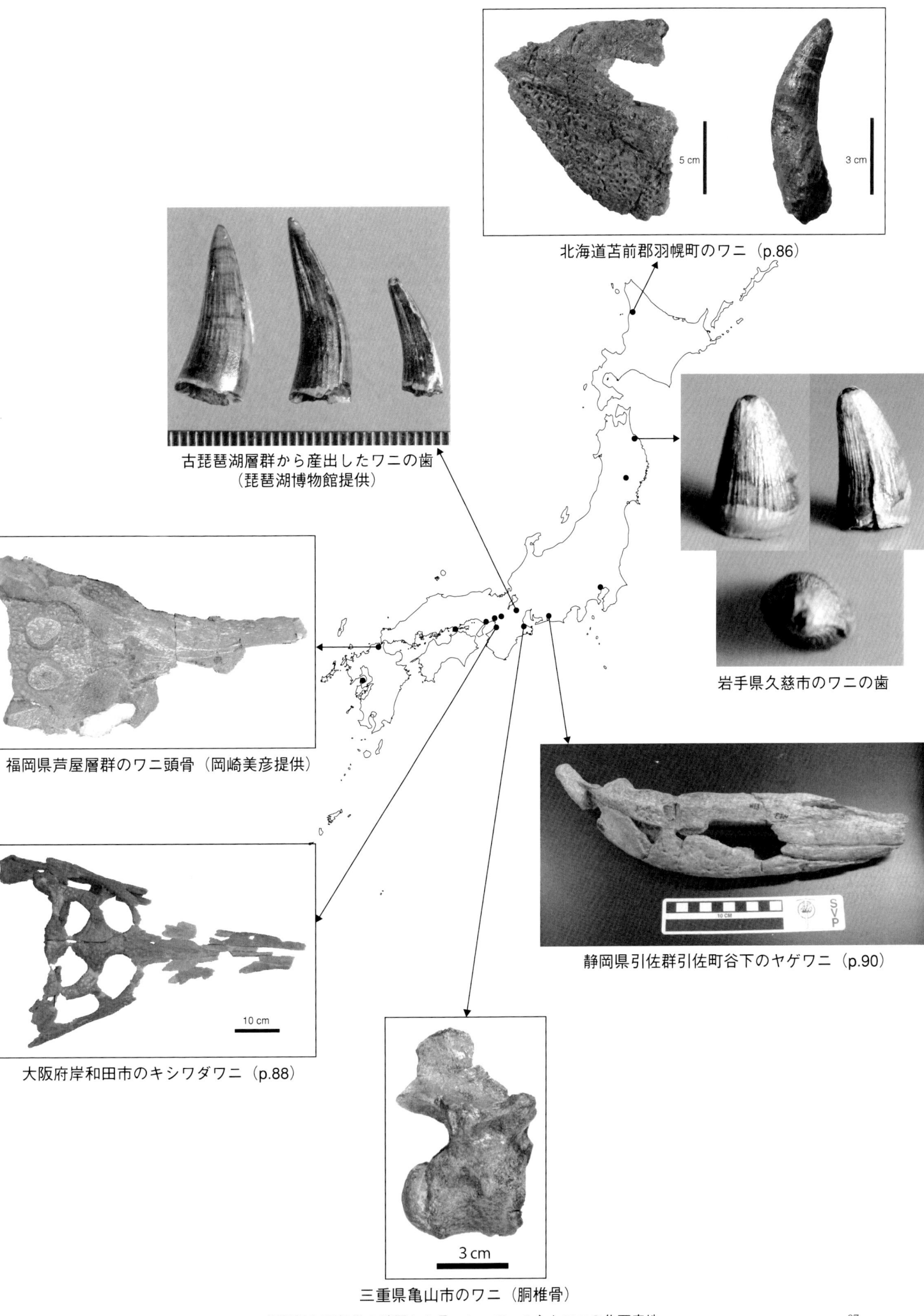

北海道苫前郡羽幌町のワニ（p.86）

古琵琶湖層群から産出したワニの歯
（琵琶湖博物館提供）

岩手県久慈市のワニの歯

福岡県芦屋層群のワニ頭骨（岡崎美彦提供）

静岡県引佐群引佐町谷下のヤゲワニ（p.90）

大阪府岸和田市のキシワダワニ（p.88）

三重県亀山市のワニ（胴椎骨）

鮮新世と更新世の地層から見つかっている主なワニの化石産地

もう1頭の"マチカネワニ"といわれていたキシワダワニ

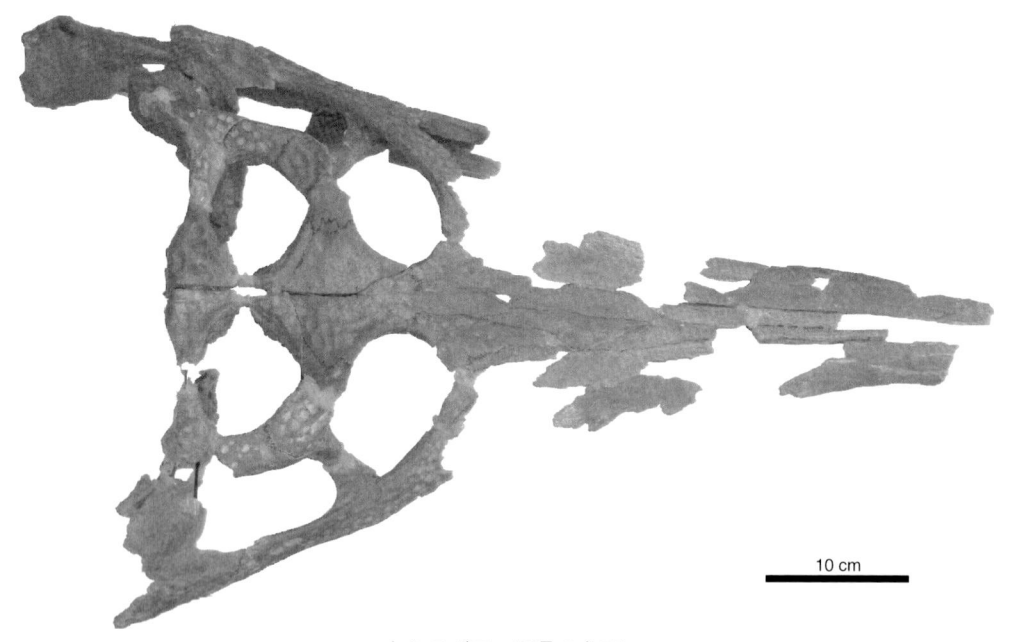

キシワダワニ頭骨の化石

　キシワダワニは、マチカネワニよりも少し古い60万年前の大阪府岸和田市流木町の地層から発見され、大阪市立自然史博物館の樽野博幸によって研究され、1999年に報告書が出版されました。マチカネワニと同じように、工事中に偶然発見されたものです。1994年に、市道の交差点で下水道工事が行われました。その時に作業員によって発見され、その後岸和田市教育委員会によって発掘されたのです。

　樽野は、キシワダワニを詳細に渡って観察し、研究しました。その結果、キシワダワニは、マチカネワニの可能性があると結論づけたのです。もし、キシワダワニがマチカネワニであれば非常に興味深いことです。まず、離れたところから、同じワニが発見されていることから、生活範囲がある程度広かったということがいえます。もっと、面白いことは、マチカネワニが発見されたのは、40万年前とも50万年前いわれているので、その差10万年から20万年間ものあいだ大阪付近に棲んでいたことになります。

　しかし、小林らがマチカネワニの研究をする際に、キシワダワニとマチカネワニをさらに詳細に比較したところ、違いが明らかになってきました。吻部（鼻先）の細さや頭骨の孔や、骨の縫合線の形などマチカネワニとキシワダワニでは異なっているのです。これらの違いから、キシワダワニがマチカネワニでない可能性が出てきました。さらに、他のトミストマ亜科のワニと見比べてみると、キシワダワニはトミストマ亜科であることは再確認されましたが、もしかするとマチカネワニよりも原始的なトミストマ亜科である可能性も考えられるようになりました。もしそうならば、マチカネワニよりも少し時代の古いキシワダワニが、原始的であるのもうなずけます。ただ、小林らの研究も予察的なものであるため、キシワダワニについてはより詳細な研究を必要とし、追加標本を得ることによってマチカネワニとキシワダワニの関係が明らかにされるでしょう。キシワダワニがマチカネワニであるかどうかは、今後の研究課題であるにしろ、大阪には数十万年にわたってトミストマ亜科のワニが棲んでいたことは間違いなさそうです。

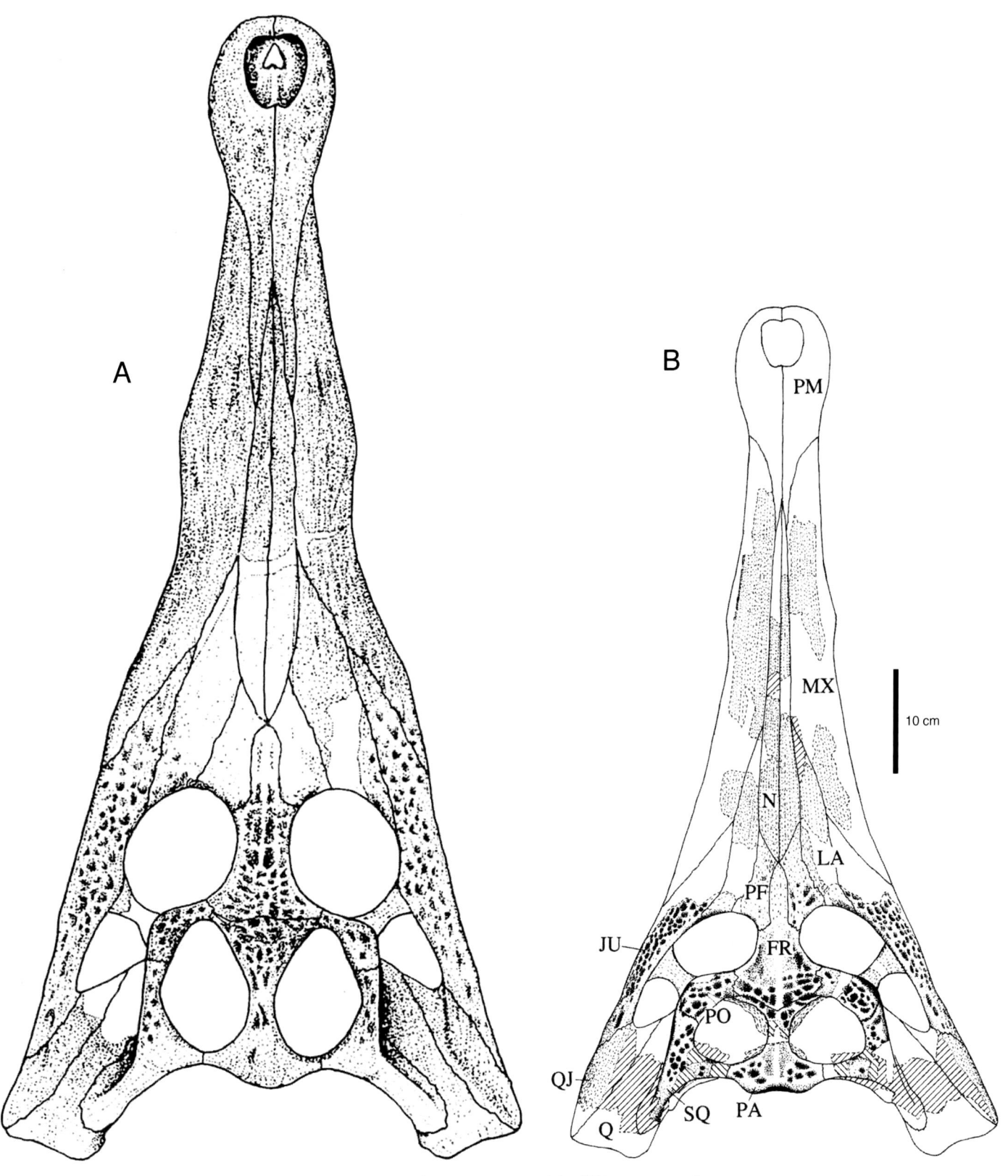

マチカネワニ（A）キシワダワニ（B）（樽野，1999より）

89

静岡県から発見されたトミストマ亜科、ヤゲワニ

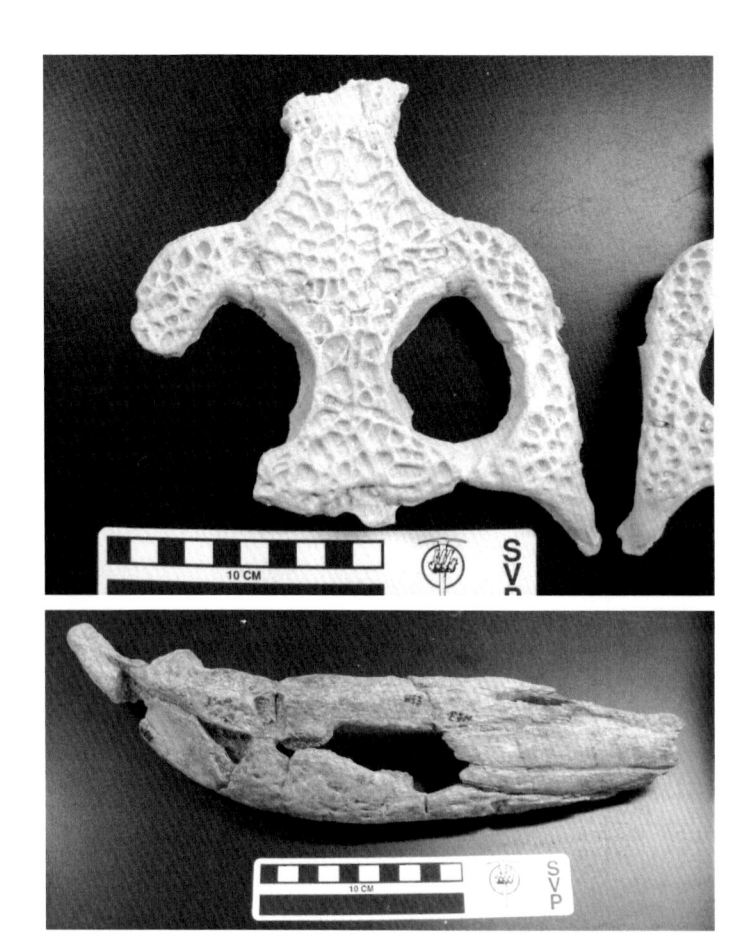

ヤゲワニの頭骨の一部（上）と下あごの一部（下）（群馬県立自然史博物館　長谷川善和提供）

　トミストマ亜科が生きていたのは、大阪に限りません。静岡県からも発見されています。静岡県浜松市引佐町谷下の更新世の地層から発見されました。発見された地にちなんでヤゲワニと命名されたのです。このワニは、面白いことに石灰岩の割れ目に堆積した地層から発見されました。カメや魚の化石も一緒に発見されています。ヤゲワニの骨は、マチカネワニやキシワダワニのように、1体分ではなく、最低でも12個体の骨格が発見されています。バラバラではありますが、1,200点ほどの骨が発見されています。これは、ヤゲワニが集団で生活していたことを示します。さらに、成体と幼体の骨格と、年齢の異なったヤゲワニが発見されていることから、ヤゲワニの営巣地であった可能性があります。この化石は、中島秀一と長谷川善和によって研究され、またその後、野嶋宏二らによって追加研究が行われました。その結果、このヤゲワニは、マチカネワニともキシワダワニとも違うのではないかと考えられています。このワニは、未だ系統解析が行われておらず、解析を行うことによって、トミストマ亜科の中でも進化型なのか原始的なものなのか、マチカネワニやキシワダワニとの関係はどうなのかが解明される可能性があります。群馬県立自然史博物館の長谷川善和を中心に研究が行なわれており、今後の研究が期待されるワニ化石です。

　このように、マチカネワニ、キシワダワニ、ヤゲワニと、数十万年前の日本は、ある意味トミストマ亜科の繁殖地であったことが考えられます。しかし、その後どのような原因かはわかりませんが、絶滅し日本からは姿を消してしまったのです。

おわりに

どうでしょうか、ここまで読み進んでの感想は？

まず、現在も生息しているワニのからだのつくりの詳細な記述から始まり、ワニの分類学、そこに至るまでの進化の歴史を概観し、中心部は、「マチカネワニ大解剖」と題した、骨格化石1点1点の、まさに「微に入り細を穿った」観察記録が続いています。「真実（神）は細部に宿る」としか表現できません。

本書の著者の一人、小林は恐竜が専門です。当然、その延長として同じ爬虫類に属すワニの研究も行っている、いわゆる「自然史系」の研究者です。もう一人の江口は、物理化学者です。固体中の分子運動、たとえば、極低温にある有機分子結晶中でメチル基（CH_3-）がどのように回転するかといった問題を微視的立場から研究してきました。今風にいえば「ナノサイエンス」分野の研究者です。ふつうでは、とても関連があるとは思えない珍妙なコンビの二人ですが、共通点があるのです。少し強引かもしれませんが、「微に入り細をうがつ」研究者魂といったものがぴったり一致するのです。

自然科学では、自然の仕組みがわかることを目標にします。そして、「分かることは別けること」であるともいわれております。この「わかる」の「分」の字の冠は「八」ですが、これはじつは骨を真っ二つに切りわけた状態を意味しています。切りわけた道具は、もちろん「刀」です。つまり「わかる」ためには骨を細かく切り別ける必要があるのです。そう見ると、「別ける」の「別」も、その旁は「骨」で、偏の「リ」は「刀」を意味しておりますので、これも「獣の肉と骨を刀で切りわける」という意味をもっております。したがって、ものごとを微細に分析して追求する態度は、自然科学の本質の一つであるといえるでしょう。

しかし、自然科学の研究、学問のおもしろさは細部へのこだわりだけに限らないのです。本書でも、マチカネワニ化石の細部をきわめた分析の先には、2億3千万年前の太古のまだ地球上に大陸が一つだったころのワニ誕生の物語、いやそれどころか、地球上の生命誕生の悠久かつ壮大な歴史まで想像力を遡らせることができるのです。木を見るのみならず、森全体を眺めることができるのが学問のダイナミズムです。

さて、そのように詳細かつ包括的にワニを研究してきたのですが、今でもまだ謎が残っています。たとえば、ワニの祖先は恐竜と同じ頃、2億3千万年前（三畳紀）に出現しました。恐竜は全盛時代のジュラ紀を経て白亜紀の終わり6500万年前に全滅してしまいましたが、どういうわけかワニはその後も生きながらえました。恐竜の絶滅の原因も、巨大隕石衝突説などいろいろあるようですが、いまだに謎なのです。とうぜん、ワニの生存理由もよくわかっていません。そればかりではありません。世界各地の新進気鋭のワニ学者からのコメントでもおわかりいただけるように、マチカネワニ、もっと広くいえば「トミストマ亜科」がどこから来たのか、なぜ数十万年前の日本で繁栄し、そして現在ではマレーガビアル以外は滅びてしまったのか、いまだによくわかっていないのです。

本叢書は、一般の方を読者として想定し、写真・図版を多用してできるだけわかりやすく記述したつもりですが、その内容は、専門家の方にとっても十分有用であると考えています。先に述べたように、現在でもワニの研究は続いています。その中で、マチカネワニが世界的に見ても貴重な標準化石標本として燦然と光り輝いているのがおわかり頂ければ、著者としてこれに勝る幸せはありません。

参考文献

はじめに・第一章

市原 実 編著（1993）『大阪層群』創元社，1-240.

野田 道子（1996）『ねむりからさめた日本ワニ ―巨大ワニ化石発見ものがたり―』PHP研究所，1-141.

Katsura, Y. (2004) Paleopathology of *Toyotamaphimeia machikanensis* (Diapsida, Crocodylia) from the middle Pleistocene of Central Japan. *Historical Biology*, 16, 43-97.

第二章「ワニのからだ」で参考にした主な図書

青木 良輔（2001）『ワニと龍―恐竜になれなかった動物の話』平凡社新書、239.

Garnett, S. and Ross, C.A. (1987) *Crocodiles and Alligators*. Facts on File, Inc. N.Y., 240.

Grigg, G.C., Seebacker, F. and Franklin, C.E. eds. (2001) *Crocodilian biology and evolution*. Surrey Beatty & Sons, Chipping Norton, N.S.W., Australia, 446.

Neill, W.T. (1971) *The last of the ruling reptiles: alligators, crocodiles and their kin*. Columbia University Press, N.Y., 486.

Reese, A.M. (1915) *The alligator and its allies*. Knickerbocker Press, N.Y., 358.

Richardson, K.C., Webb, G.J.W., Manolis, S.C. (2002) *Crocodiles: inside out - a guide to the crocodilians and their functional morphology*. Surrey Beatty & Sons, Chipping Norton, N.S.W., Australia, 172.

第三章「マチカネワニ大解剖」の参考文献

Kobayashi, Y., Tomida, Y., Kamei, T., and Eguchi, T. (2006) Anatomy of a Japanese tomistomine crocodylian, *Toyotamaphimeia machikanensis* (Kamei et Matsumoto, 1965), from the middle Pleistocene of Osaka Prefecture: the reassessment of its phylogenetic status within Crocodyli. *National Science Museum Monographs*, 35：1-121.

また、上記の論文に引用されている論文

第四章「世界からのコメント」の参考文献

Aldinio, P. (1896) *Sul Tomistoma (Gavialosuchus) lyceensis del calcare miocenico di Lecce*. Atti della Accademia Gioenia di Scienze Naturali di Catania, 9 (ser. 4)：1-11.

Antunes, M.T. (1994) On Western Europe Miocene gavials (Crocodylia) their paleogeography, migrations and climatic significance. *Comunicacoes Instituto Geologico e Mineiro*, 80：57-69.

Arduino, G. (1765) Denti di Coccodrilliano fossili trovati nel Monte della Favorita, esistente nel territorio Vicentino, ed altre orittologiche osservazioni fatte dal Chiaris. Sig. Giovanni Arduino Ingegn. della Città di Vicenza, dell'Imperiale Accademia di Siena, ec. *Giornale d'Italia*, 1：204-206.

Auliya, M.B., Shwedick, R., Sommerlad, S., Brend and Samedi. (2006) A short term assessment of the conservation status of *Tomistoma schlegelii* (Crocodylia: Crocodylidae) in Tanjung Putting National Park (Central Kalimantan Indonesia). In: *A cooperative survey by the Orangutan Foundation (UK) & the Tomistoma Task Force, of the IUCN/SSC Crocodile Specialist Group*, 36.

Bezuijen, M.R., Webb, G.J.W., Hartoyo, P., Samedi, Ramano, W.S., and Manolis, C. (1998) The false gharial *Tomistoma schlegelli* in Sumatra. *Proceeding of the 14th Working Meeting of the Crocodile Specialist Group. Singapore, 13-17 July 1998*, 10-31.

Brochu, C.A. (1997) Morphology, fossils, divergence timing, and the phylogenetic relationships of *Gavialis*. *Systematic Biology*, 46：479-522.

Brochu, C.A. (1999) Phylogeny, taxonomy, and historical biogeography of Alligatoroidea. *Society of Vertebrate Paleontology Memoir*, 6：9-100.

Brochu, C.A. (2000) Phylogenetic relationships and divergence timing of *Crocodylus* based on morphology and the fossil record. *Copeia*, 3：657-673.

Brochu, C.A. (2003) Phylogenetic approaches toward crocodylian history. *Annual Review of Earth and Planetary Sciences*, 31：357-397.

Brochu, C.A. (2006) Osteology and phylogenetic significance of *Eosuchus minor* (Marsh 1870), new combination, a longirostrine crocodylian from the Late Paleocene of North America. *Journal of Paleontology*, 80：162-186.

Capellini, G. (1890) Sul coccodrilliano garialoide (*Tomistoma calaritanus*) scoperto nella collina di Cagliari nel MDCCCLXVIII. Rendiconti della Reale Accademia dei Lincei, serie 4, 6 (I semestre)：149-151.

Costa, O.G. (1848) *Paleontologia del regno di Napoli*. Parte I. Stable Tip. Tramater, Napoli, 203.

Delfino, M. and Dal Sasso, C. (2006) Marine reptiles (Thalattosuchia) from the Early Jurassic of Lombardy (northern Italy). *Geobios*, 39: 346-354.

Delfino, M. and Rook, L. (2008) African crocodylians in the Late Neogene of Europe. A revision of *Crocodylus bambolii* Ristori, 1890. *Journal of Paleontology*, 82 (2): 336-343.

Delfino, M., Böhme, M., and Rook, L. (2007) First European evidence for transcontinental dispersal of *Crocodylus* (late Neogene of southern Italy). *Zoological Journal of the Linnean Society*, 149: 293-307.

Delfino, M., Martin, J. and Buffetaut, E. (2008) A new species of *Acynodon* (Crocodylia) from the Upper Cretaceous (Santonian-Campanian) of Villaggio del Pescatore, Italy. *Palaeontology*, 51 (5): 1091-1106.

Delfino, M., Pacini, M., Varola, A., and Rook, L. (2003) The crocodiles of the "Pietra Leccese" (Miocene of southern Italy). *Abstracts 1st Meeting of the European Association of Vertebrate Palaeontology, 15-20 July 2003, Basel*, Switzerland, 18.

Delfino, M., Piras, P., and Smith, T. (2005) Anatomy and phylogeny of the gavialoid crocodylian *Eosuchus lerichei* from the Paleocene of Europe. *Acta Palaeontologica Polonica*, 50: 565-580.

Densmore, L.D. (1983) Biochemical and immunological systematics of the order crocodilia. *Evolutionary Biology vol.16*. (eds. Hetch, M.K., Wallace, B. and Prance, G.H.) Plenum Press, N.Y., 397-465.

Densmore, L.D. and Dessauer, H.C. (1984) Low levels of protein divergence detected between *Gavialis* and *Tomistoma*: evidence for crocodilian monophyly. *Comparative of Biochemical Physiology*, 77B (4): 715-720.

Densmore, L.D. and White, P.S. (1991) The systematics and evolution of the crocodilia as suggested by restriction endonuclease analysis of mitochondrial and nuclear ribosomal DNA. *Copeia*, 3: 602-615.

Densmore, L.D. and Owen, R.D. (1989) Molecular systematics of the order crocodilia. *American Zoology*, 29: 831-841.

IUCN, (1996) *IUCN red list of threatened animals.* (eds. Baillie, J and B. Groombridge). IUCN Gland Switzerland. 378.

Kobayashi, Y., Tomida, Y., Kamei, T., and Eguchi, T. (2006) Anatomy of a Japanese tomistomine crocodylian, *Toyotamaphimeia machikanensis* (Kamei et Matsumoto, 1965), from the middle Pleistocene of Osaka Prefecture: the reassessment of its phylogenetic status within Crocodylia. *National Science Museum Monographs*, 35: 1-121.

Kotsakis T., Delfino M. and Piras P. (2004) Italian Cenozoic crocodilians: taxa, timing and biogeographic implications. *Palaeogeography, Palaeoclimatology, Palaeoecology*, 210: 67-87.

Li, J. (1975) New specimens of *Tomistoma petrolica* from Maoming, Guangdong Province. *Vertebrata PalAsiatica* 13: 190-194. (in Chinese).

Martin, J.E. and Benton, M.J. (2008) Crown clades in vertebrate nomenclature: correcting the definition of Crocodylia. *Systematic Biology*, 57 (1): 173-181.

Piras, P., Delfino, M., Del Favero, L. and Kotsakis, T., (2007) Phylogenetic position of the crocodylian *Megadontosuchus arduini* (de Zigno, 1880) and tomistomine palaeobiogeography. *Acta Palaeontologica Polonica*, 52 (2): 315-328.

Ray, D.A. and Densmore, L. (2002) The crocodilian mitochondrial control region: general structure, conserved sequences, and evolutionary implication. *Journal of Experimental Evolution*, 294 (4): 334-345.

Sebastian, A. (1993) The *Tomistoma*, or False Gharial, *Tomistoma schlegelii*. The need for its conservation in Southeast Asia. *Proceedings of the 2nd Regional (Eastern Asia, Oceania, Australasia) Meeting of the Crocodile Specialist Group, 12-19 March 1993*, Darwin, NT, Australia.

Shikama, T. (1972) Fossil Crocodilia from Tsochin, southwestern Taiwan. *Science Reports of the Yokohama National University, Section II: Biological and Geological Sciences*, 19: 125-131+plates 1, 2.

Simpson, B.K., Lopez, A., Latiff, S., and Yusoh, A. (1998) Tomistoma (*Tomistoma schlegelli*) at Tasek Bera, Peninsular Malaysia. *In Crocodiles, Proceeding of the 14th Working Meeting of the Crocodile Specialist Group, Singapore, 13-17 July, 1998*, Gland Switzerland, 32-45.

Wills, E.E., AcAliley, L.E., Neeley, E.D., and Densmore, L.D. (2007) Evidence for placing the false gharial (*Tomistoma schlegelii*) into the family Gavialidae: Inferences from nuclear gene sequences. *Molecular Phylogenetics and Evolution*, 43: 787-794.

Yeh, H.-k. (Ye, X.-k.). (1958) A new crocodile from Maoming, Guangdong (Kwangtung). *Vertebrata PalAsiatica*, 2: 237-242. (in Chinese with English summary)

Zigno, A.D.E. (1880) Sopra un cranio di Coccodrillo scoperto nel terreno eocenico del Veronese. Atti della Reale Accademia Lincei, Memorie della Classe di Scienze Fisiche, *Matematiche e Naturali, Serie 3*, 5: 65-72.

第五章「日本各地の仲間たち」の主な参考文献

樽野 博幸 (1993) 岸和田市流木町産ワニ化石，岸和田市流木町産ワニ化石発掘調査報告書，岸和田市教育委員会きしわだ自然資料館，1-26.

謝　辞

　化石の研究は、発見が最も重要であることはいうまでもありません。この本に記載された研究内容は、人見功氏によるマチカネワニの発見、千地万蔵氏（大阪市立自然史博物館）による化石の重要性の認知がなければ、この世界に存在していなかったものです。何よりもこのお二人に感謝します。

　その後、初期研究とマチカネワニの命名をした小畠信夫氏と中世古幸二郎氏（ともに大阪大学）、亀井節夫氏（京都大学）のみなさんの功績を賞賛するとともに深謝します。とくに、日本の古脊椎動物学の分野において数多くの業績を残された亀井氏によるマチカネワニのすばらしい先行研究がその後の研究に継続され、2004年の最新研究にも大きく貢献しています。

　また、青木良輔氏は、ワニ研究を長年行っており、その豊富な知識と経験をもとにして1980年代に再研究し、マチカネワニの名を世界に広げました。著者らの2004年のマチカネワニ再研究においても、情報の交換やアドバイスを数多くいただき、研究を達成することができました。

　この2004年の再研究は、冨田幸光氏（国立科学博物館）の発案によるものです。冨田氏は、いち早くマチカネワニの世界的な重要性を再認識し、再研究の必要性とその意義を真っ先に唱え、その実現に向けて尽力しました。調査研究においても多大な寄与があり、また国立科学博物館のモノグラフとしての出版を可能とし、マチカネワニの学術的意義を世界に向けて情報発信しました。

　大阪大学総合学術博物館で開催されたシンポジウムを通してマチカネワニの研究に協力してくれた百原新氏（千葉大学）と桂嘉志浩氏（岐阜県博物館）に感謝します。百原氏は、花粉化石の分布の調査などから当時の古環境を明らかにし、桂氏はマチカネワニの傷跡の病理学的研究から、生存時の生態の解明に多大の貢献をしました。

　この本のために、興味深いコラムを執筆してくれた国内外の研究者やアーティストの方々、写真を提供してくれた諸機関（きしわだ自然資料館、北九州市立　いのちのたび博物館、群馬県立自然史博物館、琵琶湖博物館）に感謝します。また、『ねむりからさめた日本ワニ』から、イラストなどの転載を許可してくれた野田道子氏と藤田ひおこ氏、さらにワニの撮影を許可してくれた、熱川バナナ・ワニ園、そこで著者らのわがままな注文に応じて写真を撮影してくれた大橋哲郎氏に心からの謝意を表します。

　最後に、マチカネワニの再研究とこの本の出版を支えてくれた大阪大学総合学術博物館の教職員の方々、大阪大学出版会の大西愛さん、栗原佐智子さんなど、ご協力いただいたすべての方々に深甚なる感謝の念を捧げます。

著者紹介

小林 快次（こばやし よしつぐ）

1971年	福井県に生まれる
1995年	米国ワイオミング大学　卒
現　職	北海道大学総合博物館　准教授
（兼務）	北海道大学理学院
専　門	古脊椎動物学
学　位	Ph.D.

江口 太郎（えぐち たろう）

1947年	大分県に生まれる
1970年	大阪大学理学部　卒
現　職	大阪大学総合学術博物館　館長・教授
（兼務）	大阪大学大学院理学研究科
専　門	物理化学・博物科学
学　位	理学博士

大阪大学総合学術博物館叢書　5

巨大絶滅動物　マチカネワニ化石
恐竜時代を生き延びた日本のワニたち

2010年6月15日　初版第1刷発行　　［検印廃止］

監　修　大阪大学総合学術博物館
著　者　小林快次・江口太郎
発行所　大阪大学出版会
　　　　代表者　鷲田清一

〒565-0871 吹田市山田丘2-7
　　　　大阪大学ウエストフロント
電話　06-6877-1614
FAX　06-6877-1617
URL：http://www.osaka-up.or.jp
印刷所：亜細亜印刷株式会社

© The Museum of Osaka University　2010　Printed in Japan
ISBN978-4-87259-215-3　C1345

Ⓡ〈日本複写権センター委託出版物〉
本書を無断で複写複製（コピー）することは、著作権法上の例外を除き、禁じられています。本書をコピーされる場合は、事前に日本複写権センター（JRRC）の許諾を受けてください。
JRRC〈http://www.jrrc.or.jp　eメール：info@jrrc.or.jp　電話：03-3401-2382〉

大阪大学総合学術博物館叢書について

大阪大学総合学術博物館は、二〇〇二年に設立されました。設置目的のひとつに、学内各部局に収集・保管されている標本資料類の一元的な保管整理と、その再活用が挙げられています。本叢書は、その目的にそって、データベース化や整理、再活用をすすめた学内標本資料類の公開と、それに基づく学内外の研究者の研究成果の公表のために刊行するものです。本叢書の出版が、阪大所蔵資料の学術的価値の向上に寄与することを願っています。

大阪大学総合学術博物館

大阪大学総合学術博物館叢書・既刊〔A4判　定価二一〇〇円〕
- ◆1　扇のなかの中世都市―光円寺所蔵「月次風俗図扇面流し屏風」泉　万里
- ◆2　武家屋敷の春と秋―萬徳寺所蔵「武家邸内図屏風」泉　万里
- ◆3　城下町大坂―絵図・地図からみた武士の姿―鳴海邦匡・大澤研一・小林茂　編集
- ◆4　映画「大大阪観光」の世界―昭和12年のモダン都市―橋爪節也（定価二五二〇円）